中国东北红松生长
对气候变化的响应及其动态研究

Research of Dynamic Changes and Responses of Korean Pine
Growth under Climate Change in Northeastern China

◎刘 敏/厉 悦·著

吉林大学出版社

·长春·

图书在版编目（CIP）数据

　　中国东北红松生长对气候变化的响应及其动态研究 / 刘敏，厉悦著 .— 长春：吉林大学出版社，2020.1
　　ISBN 978-7-5692-6126-4

　　Ⅰ . ①中… Ⅱ . ①刘… ②厉… Ⅲ . ①气候变化－影响－阔叶树－红松－研究－东北地区 Ⅳ . ① S791.247

　　中国版本图书馆 CIP 数据核字 (2020) 第 028794 号

书　　名	中国东北红松生长对气候变化的响应及其动态研究
	ZHONGGUO DONGBEI HONGSONG SHENGZHANG DUI QIHOU BIANHUA DE XIANGYING JI QI DONGTAI YANJIU

作　　者	刘敏　厉悦
策划编辑	李承章
责任编辑	安　斌
责任校对	张宏亮
装帧设计	朗宁文化
出版发行	吉林大学出版社
社　　址	长春市人民大街 4059 号
邮政编码	130021
发行电话	0431-89580028/29/21
网　　址	http://www.jlup.com.cn
电子邮箱	jdcbs@jlu.edu.cn
印　　刷	吉林省优视印务有限公司
开　　本	710mm×1000mm　1/16
印　　张	15.5
字　　数	270 千字
版　　次	2020 年 1 月　第 1 版
印　　次	2020 年 1 月　第 1 次
书　　号	ISBN 978-7-5692-6126-4
定　　价	88.00 元

　　刘　敏　女，博士，副教授，湖南长沙人。2002 年于中南林学院获得学士学位，2005 年于中南林学院获得硕士学位，2017 年于东北林业大学获得博士学位。2005 年 7 月至 2019 年 1 月在齐齐哈尔大学任教，2019 年 1 月至今在湖南城市学院任教。多年从事生态学相关研究。主持多项省级及市厅级科研项目和教学研究项目，参与多项国家重点基础研究发展计划项目和国家自然科学基金项目。第一作者在《应用生态学报》等中文核心期刊上发表多篇研究论文。出版专著1 部，获得多项实用新型专利授权。

厉 悦 男，硕士，讲师，湖南浏阳人。2002 年于中南林学院获得学士学位，2005 年于中南林学院获得硕士学位。2005 年 7 月至 2019 年 12 月在齐齐哈尔大学任教，2020 年 1 月至今在湖南城市学院任教。多年从事生态学相关研究。主持多项校级科学研究项目和教学研究项目，参与多项省级及市厅级科学研究项目和教学研究项目。第一作者在中文核心期刊上发表多篇研究论文。出版一部专著，获得多项实用新型专利授权。

前　言

在过去的 150 年中，地球的气候系统经历了明显的变暖，对森林生态系统的影响变得明显。中国东北地区是全球气候变化非常显著的地区之一，近几十年气温显著升高，而降水量无显著变化。气候变暖会影响到树木生长、物种分布和生态系统的结构或功能。阔叶红松林是东北森林的地带性顶极群落，阔叶红松林的动态变化直接关系到东北地区森林植被的稳定。红松是中国名贵又珍稀的树种，是阔叶红松林的优势种和建群种。红松生长的动态变化直接影响着阔叶红松林的动态。由于红松属典型温带湿润型山地大乔木树种，对温湿状况适应的生态幅较窄，对气候变化比较敏感，因此，气候变化情景下红松生长的响应情况及其变化动态是我们重点关注的对象。

为了探求中国东北红松生长在气候变化情景中的响应及其变化动态，本文采用树木年轮学方法，在整个中国东北原始阔叶红松林分布区内选择不同纬度样地和不同海拔高度样地，从红松生长的一维（直径）、二维（断面积）和三维（体积）指标角度分析不同地区红松生长对气候因子的响应及其变化动态，探究纬度梯度、海拔梯度、种内变异、径级大小因素对红松生长 - 气候关系的影响，并预测不同气候变化情景下红松生长的动态。研究结果有助于深刻认识气候变化对中国东北阔叶红松林生态系统的影响，为准确预测未来阔叶红松林分布格局的时空变化提供科学参考，为阔叶红松林的科学管理提供科学依据。

全书共 8 章，依次为绪论、研究区域及研究方法、不同纬度红松径向生长及与气候因子的关系、不同海拔高度红松径向生长及其对气候因子的响应、红松及其变型粗皮红松对气候因子的响应、不同径级红松径向生长对气候因子的响应、不同纬度不同海拔红松体积生长量和断面积生长量对气候因子的响应、气候变化下不同纬度不同海拔红松生长趋势预测。

本书得到了黑龙江省科学基金项目（C2018063）和黑龙江省省属高等学校基本科研业务费科研项目（135109256）的支助，在此表示感谢。

本书的编写工作，得到了东北林业大学毛子军教授的大力帮助，同时也获得湖南城市学院和齐齐哈尔大学的领导和同事们的大力支持，在此向他们表示诚挚的谢意！

由于作者水平有限，时间紧迫，书中难免会有缺点和错误，谨请读者多提宝贵意见。

作　者

2019 年 10 月 10 日

目　　录

目　录

第 1 章 绪 论

1.1 研究背景与研究内容及意义

1.1.1 研究背景

IPCC 第五次评估报告指出，全球气候变暖已成为不可置疑的事实[1]，从 1880 至 2012 年全球平均气温升高了 0.85（0.65~1.06）℃，1951 年至 2012 年，以每 10 年 0.12（0.08~0.14）℃的速率上升，2003—2012 年平均温度比 1850—1900 年平均温度上升了 0.78℃[1]，高纬度地区和高海拔地区的气温上升尤为显著。气候变化除了表现为平均气温升高之外，还体现在高温极端事件增多、低温极端事件减少、极高海平面增多以及很多区域强降水事件的增多等现象[1]。为了应对不断变化的气候环境，许多陆地、淡水和海洋物种已经改变了它们的地理分布范围、季节活动节律、迁徙规律、物种丰富度以及物种之间的相互作用（高信度）[1]。

森林生态系统是陆地生态系统的主要组成部分，对气候变化响应非常敏感[2-5]，气候变暖将延长植物的生长季且影响植物的光合作用，从而影响植物的生长[6]、森林的分布和物种的组成[7]，最后影响到森林生态系统的动态和稳定。森林生态系统对气候变化的响应也越来越受到关注[8-12]。陈列的研究结果显示气候因子在海拔梯度上的差异对阔叶红松林更新的影响没有对红松（*Pinus koraiensis*）生长的影响大，在气候变暖的情景下，研究红松生长对变暖的响应要比研究红松更新对气候变暖的响应更能影响红松在森林群落中的作用[13]。森林内树木生长对气候因子的响应机制是研究森林生态系统对全球变化响应的重要依据[14-16]。由于较高纬度地区的气温上升幅度要高于较低纬度地区，因此处于较高纬度地区的森林受到气

1

候变暖的影响将更大[17]。中国东北地区是中国森林分布的主要地区之一[18]，该地区森林资源较为丰富，是气候变化的敏感区域，在中国森林生态系统中占据重要地位。中国东北地区属于气候变暖非常显著的北半球中高纬地区，很多证据表明中国东北自 20 世纪 50 年代开始温度大幅度上升[19]，1956—2005 期间，东北地区年平均气温呈全面上升趋势，年平均温度增加较大，中国东北地区的东南半部增温幅度为 0.34℃·(10 a)$^{-1}$，西北半部增温幅度为 0.40℃·(10 a)$^{-1}$，黑河区域增幅最高，增幅达到 0.674℃·(10 a)$^{-1[20]}$。在气温上升的同时，东北地区的降水量并没有显著变化，甚至有些地方呈降低的趋势，尤其是 20 世纪 70 年代后东北地区气候显著向干暖趋势发展[21-22]，东北各地的 PDSI（帕尔默干旱指数）和土壤湿度不断降低。已有研究显示，气候变化会通过影响植物生长季的长短及影响植物的光合作用效率、呼吸速率等生理过程而影响植物的生长[6]，同时也会通过影响物种的分布和群落的组成[7]而影响到森林生态系统的动态和稳定。那么，气候变化较显著的东北地区的阔叶红松林生态系统是否也会随着气候变化而发生大的改变呢？

阔叶红松林是东北森林的地带性顶极群落，阔叶红松林的动态变化直接关系到东北地区森林植被的稳定。红松是中国名贵又珍稀的树种，是阔叶红松林的优势种和建群种。红松生长的动态变化直接影响着阔叶红松林的动态。由于红松属典型温带湿润型山地大乔木树种，对温湿状况适应的生态幅较窄[23]，对气候变化比较敏感，因此，影响红松生长的关键气候因子及气候变化情景下红松的动态变化引起了很多学者的关注[24-27]。

树木的径向生长不仅受自身遗传因素的影响，而且受外界环境条件的制约[28-30]。去除生长趋势和其他非气候因素的影响后，树轮宽度年表可保留非常强的气候信号[30-31]，因此可利用树轮宽度年表与气候因子的相关性来揭示影响树木径向生长的关键气候因子[29,32]，这种方法被认为是非常有效的分析森林生长对气候变化响应的方法[33-36]。随着树轮年代学的理论与技术的不断发展和完善，其已经成为分析气候敏感区典型树种生长与气候变化关系的重要手段与主要途径[37-40]。一些学者对红松年轮宽度与气候的关系进行了分析[13,29,41-46]，然而，很多研究都集中于一个森林样点，且大部分样地都集中在长白山地区，较少关注从气温快速升高而造成的气候沿着整个纬度或海拔梯度对树木生长的影响[41]。只有及莹[48]研究了黑龙江省红松年轮气候响应及与变暖的关系，Yu 等[41]及 Wang 等[43]学者研究了长白山不同海拔梯度红松对气候的响应及稳定情况，没有针对中国整个阔叶红松林分布区的红松径向生长与气候关系的研究。此外，一些学者的研究结果存在一些差异的现象。因此，需要进一步加强红松生长与气候因子的关系的研究，得出较为统一的结果。为准确判断关键气候因子的改变对红松生长的影响提供科学参考。已有研究表明，由于生态因子的差异，不同纬度和不同海拔的同种植物对气候的响应经常会有差异[41,43]，由此推断，影响不同纬度和不同海拔高度红松生长的关键气候因子也存在差异，不同纬度和不同海拔高度红松对气候变化的响应也存在差异，但具体的差异亟待探索。此外，为了在气候变化的将来更科学地管理阔叶红松林，需要科学地预测不同纬度和不同海拔高度红松在不同气候变化情景下的生长动态。

1.1.2 研究目的和研究内容

全球气候变化已经成为不争的事实[49]。气候变化正在从物种、群落到生态系统等各个水平对生态系统产生深刻的影响[50]。阔叶红松林是中国东北地区非常重要的地带性群落，具有很高的生态价值和经济价值。红松是阔叶红松林的建群种，红松生长的动态变化直接影响着阔叶红松林的动态变化。已有研究表明，面对全球气候变化，生态系统中物种的反映主要表现在以下三个方面[51]：个体对气候变化的响应；群落中的物种组成发生变化；物种消失或迁入。由于纬度、海拔高度等空间环境的差异，每个地区的水、热等生态因子也有较大的差异，生态环境的差异会影响到植物的生长过程，也会影响到植物对气候变化的响应。一些研究显示，不同空间环境的同种树木对气候因子的响应存在差异[52]，同一地区不同树种对气候因子的响应存在差异[47,53]。也有研究显示年龄因素也会影响到树木生长－气候响应关系[54-56]。由此提出如下假设：

（1）不同纬度红松对气候变化的响应不同，即影响不同纬度红松生长的关键气候因子不一致；

（2）不同海拔高度红松对气候变化的响应不同，即影响不同海拔高度红松生长的关键气候因子不一致；

（3）红松及其变种粗皮红松对气候因子的响应存在差异；

（4）不同径级红松对气候因子的响应存在差异；

（5）红松在纬度梯度上的变化规律与海拔梯度上的变化规律有一定的相似性；

（6）气候变化情景下，不同纬度、不同海拔高度红松生长的变化趋势不一致，会影响红松分布区发生变化。

为了验证上面的假设，本研究在中国东北地区原始阔叶红松林分布区内选择不同纬度样地和不同海拔样地，分析不同纬度和不同海拔高度红松生长趋势的异同，探究影响红松生长的关键气候因子在纬度梯度和海拔梯度上的差异；同时分析红松生长与气候因子的关系在不同径级红松及红松及其种内变异种之间是否存在差异；探讨在气候变化情景下不同纬度梯度和海拔梯度红松生长的变化趋势。主要研究内容包括以下几个方面：

（1）不同纬度红松径向生长动态及与气候因子的关系；

（2）不同海拔高度红松径向生长动态及对气候因子响应；

（3）红松径向生长与气候因子的响应关系在种内变异之间的差异；

（4）不同径级红松径向生长对气候因子的响应；

（5）红松径向生长 - 气候因子的响应关系在气候变化情景下的稳定性；

（6）不同纬度不同海拔红松体积生长量和断面积生长量对气候因子的响应；

（7）气候变化下不同纬度不同海拔红松生长趋势预测。

1.1.3 研究意义

在全球气候变化情景下，利用树轮生态学方法对中国东北地区阔叶红松林的动态变化及其对气候因子的响应进行研究具有重要的科学意义。本研究直接面向国家重大需求，属于陆地生态系统对气候变化响应的研究范畴，是属于林业应对气候变化的重要研究范畴。

中国东北地区处于北半球中纬度区，是中国陆地生态系统非常敏感脆弱的区域，此区域也是中国气候变化最为显著的地区之一[57-59]，此地区的增温幅度远高于中国大部分地区。本研究选择中国东北地区地带性植被群落 - 阔叶红松林的建群种红松为研究对象，以整个原始红松林为研究范围，研究红松对气候变化的响应，有利于更深刻认识气候变化对中国东北阔叶红松林生态系统的影响及其所带来的后果，能为预测未来阔叶红松林生态系统分布格局的时空变化提供科学参考；为小兴安岭及长白山生物多样性保护优先区域的生态系统管理提供数据支撑；同时，为推动中国东北气候敏感区的树轮气候学的深入研究奠定基础。

1.2 红松概述

红松又名海松、果松，是第三世纪遗留下来的子遗种[60]，是松科松属的常绿乔木。树高可达 35 m，胸径可达 1 m。针叶 5 针一束，长约 6~12 cm。幼树树皮灰褐色，近平滑，大树树皮灰褐色或者灰色，纵裂成不规则的长方形的鳞片状，裂片脱落后露出红褐色的内皮。红松是典型的温带湿润气候条件下的树种，喜好温暖湿润的气候条件，在湿度适宜的情况下，对温度的适应幅度较大，湿润度 0.7以上生长良好，而湿润度 0.5 以下生长不良[38]。红松是浅根性树种，主根不是很发达，侧根非常发达。红松耐寒能力非常强，喜土层深厚、湿润、肥沃、排水良好且通气优良的微酸性土壤，但其不耐湿，不耐干旱，不耐盐碱。红松喜光性强，是半阳性树种，幼年时期耐庇荫能力强，但生长缓慢，在光照条件好时生长速度显著加快，而且在相当长的时期内能维持较大的生长量。红松在天然林条件下，要到 80~140 年才开始结实（但在人工林条件下，15~20 年已开始结实），球果两年成熟，成熟球果卵状圆锥形，种鳞先端反曲，种子三角状卵月形，无翅[38]。

红松分布在中国东北(辽宁、吉林、黑龙江三省)的东部山区和俄罗斯远东地区。分布区南北跨纬度 18°（34~52°N），东西跨经度 16°20′（124°~140°20′E），在朝鲜半岛以及日本本州、四国等岛亦有分布。阔叶红松林以中国最多，约占总面积的 60% 左右，俄罗斯第二，约占总面积的 30% 左右，朝鲜半岛和日本较少，约占总面积的 10% 左右[61]。其中心分布区在中国东北东部的中低山区长白山、完达山、小兴安岭一带，它与多种阔叶树或针叶树一起，形成茂密的大森林，构成了温带北部地带性的典型植被类型 - 温带针阔混交林景观 [62]。红松在中国的天然分布南界在辽宁省宽甸县（40°45′N），西南界线在辽宁省的本溪、抚顺一带（约 41°20′N，124°45′E），西界是在黑龙江省五大连池附近（约 126°10′E），东北界线位于黑龙江省饶河县（46°48′N，134°E），西北界位于黑龙江黑河市胜山林场（49°28′N，126°40′E）[63-66]。其分布范围与长白山、小兴安岭山脉所延伸的范围大致一致，但由于人类的采伐与破坏，现存的原始红松林仅存于以下几个自然保护区中：胜山自然保护区、凉水自然保护区、丰林自然保护区、镜泊湖自然保护区、白石砬子自然保护区等 [62]。由于红松属于典型的温带湿润型山地大乔木树种，对气温和水分适应的生态幅比较窄，因此其主要集中分布于上述分布区的山腹地带，这些地方环境的温湿度变化幅度较小 [23]。在垂直海拔梯度上，阔叶红松林具有明显的垂直分布规律。从东南往西北，随着纬度的增高红松分布的海拔高度逐渐下降 [13]。

红松能成为东北地带性群落演替顶极群落中的生态优势种，在生存中具有很强的竞争优势，其竞争能力和优势主要表现在一下四个方面：

（1）形态结构。红松具有生活型上的优势，红松是高大常绿的高位芽植物，最后高度能达 35 m，能占据林冠层，获得充足的阳光；红松具有寿命上的优势，红松是分布区内最长寿的树种，年龄范围在 200~300 年，高者可达 445 年（凉水自然保护区），甚至 550 年（长白山自然保护区）。高寿命的特性能在群落中形成不同年龄（世代）的个体组合，共同控制着群落环境，形成相对稳定的顶极群落。

（2）个体发育节律。红松具有短速高生长的能力，树高的季节生长属于短速型，在其他阔叶树的枝叶还未茂盛之前，处于林下的红松能利用进入林内的光能快速完成当年的高生长，一般在日均温 20~21℃的 6 月下旬基本结束了高生长或者完成全年高生长的 90% 以上。

（3）生理需求。红松对光的生态耐性非常强，林下的红松幼树，能在郁闭度非常高的林冠层庇荫和地下强大的根系竞争环境中缓慢生长而存活几十年，在解除庇荫后能很快恢复快速生长和繁殖的潜力，这种能力也是很多树种所不及的；阔叶红松林生态系统的养分库有很多是储存在林木中，红松在生长过程中需要从土壤中获取的养分要远远低于其他的阔叶树，这是红松受生长环境的局限相对较小，同时红松与阔叶树混生在一起形成群落，红松还能吸收从其他阔叶树的凋落物分解释放出的养分；红松的抗寒性非常强，在 7 月份就形成了顶芽，新梢木质化好，在休眠期能耐受零下 50℃的低温，在生长季对变化无常的低温也能有很强的抗性，使其能分布于气温年较差很大（最高最低温差达 80℃左右，−50℃~35℃）的东部中纬度地区 [62,68-70]。

1.3　树木年轮学研究进展

树干木质部的形成层通过周期性的细胞分裂、细胞增粗，在气温年较差较大的环境，由于每个季节的气温、降水等生态因子会影响到细胞分裂的速度、细胞的大小、细胞壁的厚度等生理过程，造成生长季早期及生长季形成的木质部细胞较大、细胞壁薄、密度小，肉眼或者显微镜下观察颜色较浅；而生长季末期形成的木质部细胞较小、细胞含水量少、密度大，肉眼或者显微镜下观察颜色较深，从而在树干的截面上形成了肉眼可辩识的疏密相间的圆圈状年轮。不同年份的气温和降水量不一致，影响到每年年轮的细胞数量、大小不一致，造成每年的年轮宽度不一致。气温、降水、光照方向、坡度、地貌等生态因子都会影响到每年年轮的宽窄。树木年轮的宽窄能够记录树木生境气候变化信息这一现象最早由瑞典的莱昂纳多•达•芬奇（Leonardo da Vinci，1452—1519）发现 [71]，后来部分学者专注这方面的研究。Fritts[72] 认为气候变化对树木年轮宽度的影响是非常复杂，受到树木种类、立地条件以及干扰事件的影响，需要长时间观测和广泛取样，逐个详细研究影响树木生长的所有生态因子，才能找出影响其生长的主要限制因子及其规律。吴祥定认为虽然树木年轮宽度的年际变化除了受气候因子影响外，还与树木个体的响应差异以及所处的地理环境有关，但主要还是受大环境的温度和降水影响，这种影响对年轮形成和年轮的结构非常重要 [28]。在 1737 年，法国博物学家布封（Buffon）和杜阿梅尔（Duhamel）通过霜轮发现了交叉定年原理，1827 年至 1904 年期间，敦宁（A. C. Twining）、查尔斯•巴贝奇（Charles Babbage）、雅各•

奎施勒（Jacob Kuechler）、安德鲁·道格拉斯（Andrew Ellicot Douglass）四位学者分别独立研究出用树轮相对宽度进行交叉定年的方法 [73]。直至 20 世纪初，安德鲁·道格拉斯（Andrew Ellicot Douglass）使之成为一门近代化学科——树木年代学（Dendrochronology），并设计了一系列规范化的树轮学研究方法 [72,73]。树木年代学所依据的原理是：树木年轮的宽窄受光照方向、气候和地理、地貌位置等诸多生态因子的影响。相似的生态环境中的同种树木的不同植株，在同一时期内的树木年轮宽窄的变化规律应该是相似的。1976 年，弗里兹（Harold C. Fritts）编著了《Tree Rings and Climate》[72] 一书，标志着树轮气候学研究理论的基本成熟。1983 年，霍姆斯（Richard L. Holmes）提出交叉定年标准，并研发了进行交叉定年质量控制的 COFECHA 软件 [74]，为年轮宽度序列交叉定年的准确性做出了很大贡献。1985 年，库克（Edward R. Cook）提出了自回归标准化年表的合成方法，并开发了 ARSTAN 软件，实现了标准化年表、残差年表和自回归标准化年表 3 种年表合成方法的标准化 [31]。在研究过程中，去趋势方法不断更新，由保守曲线去趋势方法、发展到区域曲线标准化（RCS）方法 [75-76] 和零信号（signal-free）处理方法等 [77]，使树木年代学研究方法更加趋向成熟。1991 年由德国的 Frank Rinn 及其合作者研发了一款 TSAP 软件，能完成年轮宽度测量、交叉定年、修改和建立年表等树木年轮分析中的多项功能，且具有强大的图像功能，为树木年轮学研究者提供了一个较好的选择。TSAP 软件虽然具备很多优势，但其在检验生长趋势同步性时的阈值较低，可能会导致保留样木建立的年表虽然具有较高信噪比，却不能很好反映树木生长的限制因子 [78]。因此，目前树轮学研究中大多还是采用 COFECHA 软件进行交叉定年。

从研究途径来说，从初期的通过树轮图像物理分析研究年轮宽度和亮度/灰度，到利用 X- 射线研究树轮密度，再到利用化学和物理方法研究树轮的化学组分 [79-84]、解剖结构 [85]、年轮细胞参数 [27,86-89]、稳定性同位素 [90]、磁学特征（SIRM）[91-93] 等，研究途径和方法不断扩大和更新，技术也不断成熟。但是在利用树轮资料分析树木生长与环境的关系以及气候与环境变化的研究中，由于年轮宽度取样较简单，分析方法成熟且准确性高，因此目前为止其仍是使用频率最高的树轮指标，年轮宽度最直观地记录了气候对树木生长的影响，能准确地反映气候因子的变化情况[94-95]。目前，除了上述宏观和微观的研究方法外，还有一些微观室内研究方法受到了广泛关注。微观室内研究的方法主要有：树木径向生长测量仪法，通过固定在树木上的仪器可以持续测定树木的径向变化[96]；针刺法，将大头针刺入树干，使正在分化的树木形成层细胞受损，并从周围生长出新的细胞[97-98]；微树芯法，利用微型生长锥在树干上取出样芯，带回实验室进行切片观察径干形成层的变化[99]，是现在检测形成层活动最为主要的手段之一[100]。通过这些微观研究方法，可以深入地了解年轮的很多细胞参数（如针叶树的细胞个数、细胞腔大小和细胞壁厚度等；阔叶树树轮细胞的管胞个数、维管腔面积等）[101-103] 的细致变化或者每日树干生长的变化动态，通过微观参数的变化来研究气候因子的动态变化。王辉等[27] 的研究显示树轮宽度对气候因子响应的敏感性低于细胞尺度参数的敏感性，细胞水平的改变能记录更多的气候变化信息。这些微观研究方法通常是的时间尺度较短。中国近年来对树木径向生长的研究也开始逐步采用微生长芯[104-105]。将长时间尺度的年轮宽度、密度等树木年轮学研究方法结合较短时间尺度的微观研究方法，能更精确地分析树木生长对气候因子的响应，是将来研究的一个好的方法。

从研究范围来说，最开始的研究主要选择气候变化敏感的特殊气候区，如高海拔、干旱、半干旱等地区，或者接近极地的地区，后来样地逐渐扩展到一些温暖湿润环境等非典型气候区，目前凡是具有显著特征和研究价值的区域都有所涉及，几乎覆盖了除南极洲外的各个大洲，采样点超过 2 500 多个[106-107]。结合某一地区同种植物的活树、枯木、古屋房梁的木材、考古墓穴中木材等的年表可以建立某一地区的长年表，相对于建立某一个地区的气候变化编年史。建立的年表的时间跨度也越来越长，目前欧洲刺果松（*Pinus longacva*）和栎树（*Qucrcus Linn*）的年表最长达到 12 460 多年[108]，北美洲为 8 600 多年[109]，南美洲为 5 666 年[110]，澳洲为 3 600 多年[111]，亚洲的俄罗斯为 3 200 多年，这些不同区域长年表的建立，可以为过去气候和环境研究的其它手段的定年提供较精确参照点，有助于评价空间大尺度环境事件的发生，用于推断全球环境变化[112]。

从应用方向来说，由于树轮定年准确、分辨率高、易于复本、指标值量测准确且包含的气候与环境变化信息量较多，因而被广泛应用于气候变化、生态、地震、考古、山崩、冰川进退、水文、病虫害爆发、森林火灾、环境污染、环境评价、大气中二氧化碳浓度变化、大尺度全球环流模式、同位素变化等方面的研究[113]，同时在气候变化、森林干扰、极端气候干扰、环境污染等背景下研究并解决物种和群落生理学和生态学过程以及行为动态等生态环境问题。通过不断发展形成了许多分支学科，例如树轮气候学（Dendroclimatology）、树轮生态学（Dendroecology）、树轮水文学（Dendrohydrology）、树轮冰川学（Dendroglaciology）、树轮考古学（Dendroarchaeology）等[114]。

1.4 阔叶红松林与气候变化的研究进展

根据历史气象数据观测结果显示，东北地区是中国气候变化最显著的地区，尤其在气候变暖上表现的非常明显[115]。阔叶红松林是东北地区典型的地带性顶极群落，气候变化情景下阔叶红松林的动态变化不仅直接关系到阔叶红松林的生存发展、东北林区的兴衰，而且会直接影响到整个东北大平原的生态平衡与农林业生产的发展[23]。因此阔叶红松林在气候变化中的响应和变化动态是很多学者关注的热点。

1.4.1 红松生理过程与气候变化的关系

为了了解红松生长对气候变化的响应，有学者对红松在气温和降水变化的情况下生长和生理指标的响应进行了研究。如赵娟等[116]采用空间替代法模拟温度升高和降水变化对凉水自然保护区的红松幼苗生长情况研究结果显示，在温度升高与降水增加（年平均气温增加 4.9℃，年降水增加 330 mm）情况下，1 年生红松幼苗基径变化不显著、种子萌发率增加 2.9 倍；但在降水减少（年平均气温增加 2.8℃，年降水减少 249 mm）的情况下，基径生长显著降低（P < 0.05），种子萌发率下降 64%。宋媛研究了升温和干旱对红松种子萌发及幼苗生长的影响，结果显示升温对幼苗生长的影响大于种子萌发的影响。在气温升高 4℃和 6℃的情况下

都能提高红松种子的萌发百分率，但是却对幼苗出苗率没有影响。气温升高 4℃能促进红松幼苗的生长，升高 6℃时则抑制了红松幼苗的生长。干旱对种子萌发的影响大于幼苗生长的影响。严重干旱胁迫延迟了红松种皮脱落时间和胚轴直立时间，导致红松最终出苗率显著下降。干旱对种子萌发的影响以及高温对幼苗生长的影响可能会对红松的种群动态及与同生境中其它物种的竞争产生较大的影响[117]。刘瑞鹏等研究了模拟增温对红松、蒙古栎（*Quercus mongolica*）及其混合凋落物分解的影响，以及在不同温度水平下，不同凋落物质量（两种单一凋落物和混合凋落物）的分解特性。结果表明气温升高无论对单一凋落物还是混合凋落物的分解都有促进作用[118]。郭建平的研究显示 CO_2 浓度升高使红松的生长量的增长率增加，土壤水分胁迫使红松生长量的增长率下降，且 CO_2 浓度升高的正效应要小于土壤水分胁迫的负效应[119]。这些研究都显示气温水分变化对影响到红松的生理过程，从而会影响到红松的生长，为研究红松对气候因子的影响提供了生理基础。

1.4.2 红松径向生长与气候因子的关系

较多学者采用树木年轮学方法研究了红松生长与气候因子的关系。有针对单点进行研究的。如于健等运用树木年代学方法研究了长白山北坡海拔 838 m 左右平坦火山台地红松的径向生长对气候变化的响应，结果显示气温是影响此地区红松径向生长的主要因子，尤其是当年生长季早期气温对红松生长影响较大；气候变暖将促进红松的径向生长；目前每公顷老龄阔叶红松林每年能固碳约 2.539t[120]。李广起等[175]发现，长白山高海拔（1 300 m）红松年轮指数在 1980 年后显著上升。红松径向生长与生长季的气温和降水呈明显的正相关关系，与当年 8 月份气温呈显著正相关，与上一年生长季后期（8、9 月）的降水也呈明显的正相关。李牧等研究了吉林省敦化地区红松和三大硬阔 [水曲柳（*Fraxinus mandshurica*）、胡桃楸（*Juglans mandshurica*），黄菠萝（*Phellodendron amurense*）] 年轮宽度与气候因子的关系，发现生长季低温（4~9 月）是它们生长的主要限制因子，并重建了敦化地区 1854 年以来 4~9 月的最低温度[44]。尹红研究显示黑龙江省小兴安岭五营丰林国家自然保护区红松年轮宽度主要与上一年 10 月份的平均温度显著相关，并重建了五营地区 1796 年以来的 1 月份的温度变化[122]。

部分学者研究了海拔高度对红松生长 - 气候响应的关系的影响。由于长白山是阔叶红松林分布的中心区域之一，加之具有丰富的海拔异质性，垂直高度大，因此关于海拔梯度的研究主要都集中在了长白山地区。如陈列研究结果显示气候因子在长白山海拔梯度上的差异对阔叶红松林更新的影响没有对红松生长的影响大，在气候变暖的情景下，研究红松生长的响应要比更新的响应更能影响红松在森林群落中的作用[13]。在不同海拔梯度上影响红松径向生长的关键气候因子以及红松的断面积增长量（BAI）也有很大差异。海拔 750 m 区域红松生长受降水影响最显著，主要与当年 6 月和 7 月的降水量呈显著正相关，与上一年 7 月的降水量呈显著负相关；海拔 1 000 m 和 1 300 m 处红松径向生长除了受上一年降水影响外，还受气温的影响，它们与上一年 8 月和 9 月的降水量呈显著正相关，与当年 5 月和 7 月的月平均气温呈显著正相关，与上一年 7 月的月平均气温呈显著负相关。在三个海拔高度中，海拔 1 000 m 处的红松的断面积增长量（BAI）最大。长白山近 100 年红松径向生长与气候因子的关系不稳定，在 1901—1984 年时间段，红松的生长主要受上年生长季末（10 月）气温的促进作用，1984 年之后，红松径向生长对气温的敏感度降低，主要受上年 12 月降水的影响[13]。Yu 等[123] 研究显示，低海拔地区（750 m）红松径向生长主要受降水影响，分布上限地区红松（·1 400 m）径向生长更多地受最低气温的影响。这些响应关系在 1970 年后变得更显著。张寒松通过研究显示长白山低海拔区域（738 m）红松对前一年气温和当年的降水量比较敏感，表现为与上一年 11 月的月平均气温、月平均最高和最低气温都呈显著负相关，与上一年 9 月的月平均最低气温呈显著负相关；与当年 3 月和 7 月的降水量呈显著负相关。而高海拔处（1 270 m）红松对上一年 6 月的气温因子特别敏感，与上一年 6 月的月平均气温、月平均最高和最低气温都呈显著负相关[113]。陈力的研究显示长白山高海拔地区（995~1258 m）红松的径向生长不仅受降水限制，且对气温有"滞后响应"，主要与当年 6 月降水和上一年 10 月月平均气温呈显著正相关；中海拔地区（760~830 m）红松径向生长不仅受气温限制，且对降水有"滞后响应"，主要与当年 4 月和 9 月的月平均气温呈显著正相关，与上一年 7 月降水量呈显著负相关；低海拔地区（598 m）红松径向生长主要受气温限制，与当年 4 月的月平均气温呈显著正相关[124]。Wang 等研究显示气温和降水是限制长白山北坡红松生长的关键气候因子，并且这些相关与海拔密切相关。低海拔地区（740 m）主要与上一年 9 月和当年 6 月的降水量显著相关，中海拔地区（940 m）红松生长主要受当年 3 月和 4 月的平均气温影响，而高海拔地区（1 258 m）红松生长则受当年 6 月气温和上一年 9 月降水的共同影响[125]。这些学者的研究结果都显示红松径向生长对气候因子的响应存在海拔差异，但是影响每个海拔高度红松径向生长的关键气候因子的结果存在一定差异，还需要加大这方面的研究，形成相对一致的结果，才能给具体的森林管理提供可靠的参考数据。

也有人针对不同林型内红松对气候因子的响应的研究。如陈列研究显示不同林型内红松的生长对气候因子的响应由一定的共同之处，但也存在较大差异。不同之处在于，长白山北坡的椴树红松林内（海拔 1 042 m）红松的年轮宽度与上年 7 月的降水显著负相关，与当年 3、4 月份的平均气温呈显著正相关，而杨桦红松林内（海拔 784 m）红松年轮宽度和平均温度没有显著的相关关系。共同之处表现为两者都对当年 7 月和上一年 9 月的降水较为敏感，呈显著负相关[13,126]。分析其原因，除了林型差异的影响外，其实海拔高度差异也应该也一定影响。

树木在不同年龄段的生长速率是有差异的，在树木的年轮宽度存在着的随增加年轮宽度值降低的这种趋势，一般认为通过树木年轮学的"去趋势"方法可以去除年龄因素的影响[31,72,127]，但是也有些学者对此理论存在质疑[54-56]。王晓明[46]和及莹[48]研究了不同年龄红松径向生长对气候因子响应的异同。王晓明运用树木年轮气候学方法研究了长白山北坡海拔 800~1 100 m 处红松不同年龄年表特征及其与气候因子间的关系，显示红松低龄年表（平均年龄 63 年）与高龄年表（平均年龄 184 年）对气候的响应存在差异，高龄红松径向生长对气候响应的敏感性更高，包含有更多的气候信息。低龄红松径向生长受月平均气温及月平均最高温度或最低温度的影响较大，与降水的关系不显著；高龄红松径向生长对月平均气温反映不敏感，而对月平均最高和最低气温响应敏感，同时当年和上一年 5 月的降水量响应显著[46]。及莹分年龄段研究了黑龙江不同地区红松径向生长对气候因子的响应，显示同一地区不同年龄组红松对气候因子的响应差异并不显著[48]。王晓明和及莹的研究结果存在一定差异，需要进一步加强年龄因素对红松生长 - 气候关系影响的研究。

除了年轮宽度外，年轮纤维素中稳定碳同位素组成也是树木年轮学的一个关键气候因子。尹璐等通过测定长白山地区 1 500 m 海拔处红松年轮纤维素中稳定碳同位素组成和年轮宽度，获得了长达 109 年（1880—1988 年）的碳同位素序列和年轮宽度序列。结果表明红松树轮碳同位素序列与年轮宽度序列存在显著负相关。红松树轮碳同位素序列对生长当年之前第二年温度变化呈显著正相关[25]。

生态干扰也是影响树木生长的因素，一些学者研究了一些生态干扰对红松生长 - 气候关系的影响。如朱良军等通过树木年轮学方法分析了林隙干扰（微环境差异）和 1980 年后显著升温对红松径向生长的影响。结果显示升温加快了林隙红松生长，但却减缓了非林隙红松的径向生长；升温使红松对气候因子的响应发生了改变，升温后，林隙红松径向生长受温度的响应增强了，但非林隙红松受温度的影响反而减弱了。此外，升温后林隙和非林隙红松径向生长与帕默尔干旱指数（PDSI）的关系都由负相关变为正相关[128]；高露双等研究了长白山火干扰后红松（海拔 784 m）生长对气候要素的响应，发现生长季的月最高气温是影响火烧红松径向生长的主要原因，火干扰后红松生长对温度较敏感，如果气温上升 4℃，红松年生长量将降低 14% 左右[129-130]。

在红松生长与气候因子的响应关系中也存在响应不稳定的现象。陈列研究显示长白山近 100 年红松径向生长与气候因子的关系不稳定，在 1901—1984 年时间段，红松的生长主要受上年生长季末（10 月）气温的促进作用，1984 年之后，红松径向生长对气温的敏感度降低，主要受上年 12 月降水的影响[13]。Yu 的研究也显示 1970 年之前和 1970 年之后长白山地区红松对气候因子的响应存在差异[41]。

在运用树木年轮学方法对红松进行研究中，张雪对红松的采样高度问题提出了自己的看法。在年轮气象学研究中，由于树木胸高位置（距地面 1.3 m）采样方便且在生理生态方面有一定代表性，绝大部分研究中的树轮数据多取自树木的胸高位置处[131]。然而，有研究显示树干不同高度处径向生长[72,131-132]和 $\delta^{13}C$[133] 均具有一定差异，可能造成不同高度处树轮宽度年表对气候因子的响应存在差异[134]。由于红松在生长过程中具有"先高后径"的生长特性，红松的高、径生长过程在时间和空间上的分异性[135] 可能导致红松生长速率随树高增加而降低[134]。张雪等通过研究发现红松不同树高处年径向生长量变化趋势基本一致，但是红松的不同树高处的径向生长速率存在差异，红松树高 0.3 m 处径向生长生长速率最大，且与 10 m 和 15 m 处径向生长差异显著。红松不同树高处径向生长对气候因子的响应也存在明显差异，10 m 树高是红松径向生长对温度和降水响应差异的分界线。10 m 处径向生长对气候因子响应最敏感。不同树高处的径向生长对气候因子的响应的差异可能降低了依据胸高处红松径向生长与气候因子响应的关系对未来红松生长趋势预测结果的准确性[134]。为了减少这种误差，建议采用生物量或材积等这种反应径向生长和高生长的综合指标来探讨气候变化对红松种群动态的影响[134]。

　　综上可以看出，不少学者针对红松生长 - 气候关系进行了研究，但是存在如下问题：一是大多学者只是针对一个地方进行的研究，少数涉及到黑龙江省[48] 或者长白山地区的不同海拔[41,43] 或者不同林型[13,126]，没有扩展到整个中国阔叶红松林分布区，使研究结果的总体区域代表性不强。二是不同研究者的研究结果存在不一致的现象，究其原因，一是很多研究只针对较小的样地进行的研究，结果只能反映小范围区域的情况；此外，不同样地处于不同的海拔高度、不同的群落、不同的生境，这些生态因子都会影响到红松对水热等气候因子的响应[125]。因此需要进一步加强红松生长 - 气候关系的研究，形成一个相对统一的共识；尤其是需要针对整个中国阔叶红松林分布区的研究。

1.4.3　阔叶红松林变化动态预测

　　一个世纪以来，黑龙江省森林景观总面积和平均斑块尺度下降显著，红松林分布区的破碎化非常严重[136]。为了探讨阔叶红松林的变化动态，很多学者基于各种模型对阔叶红松林的变化动态进行了模拟和预测，但模拟结果有同有异。

　　部分学者研究结果显示气候变化后红松生长量降低，分布区域会减少。早在1995 年，卫林依据环境因子对红松生长影响的作用规律，建立了一个反映红松年生长量与水热因子间关系的 W—T 模型，分析各种可能的气候变化对红松生长量与分布的影响。结果显示，在气温升高的前提下，无论降水量的增加或者减少，都将使红松的适生范围与体积生长量大幅度减少。但在可预见的气候变化范围内，红松不会退出中国的东部山地[23]。徐德应等[137]、郭泉水等[138]收集了红松的生态气候信息，建立了红松的生态气候适应参数区间，根据全球气候预测模型 GCMs 模型确定了 2030 年的气候场，利用静态森林分布模型的原理，生成了 2030 年气候变化情景下这些树种的地理分布图，同时通过该分布图与这些树种的现有地理分布图相比较，研究了气候变化对这些树种分布的影响。结果显示，到 2030 年，中国适宜红松分布的面积将增加 3.4%，黑龙江省西北部的适宜面积有所增加，辽宁省西南部的适宜面积将有所减少。纬度分布上，红松林分布区的南界将向北移动 0.1°~0.6°，北界将向北扩展 0.3°~0.5°；经度分布上，红松林在黑龙江省的西界将向西移动 0.1°~0.5°[138]。吴正方等建立了影响红松生长的水 - 温因子函数来评价阔叶红松林分布区的气候适宜性，结合 GCMs 气候变化情景分析气候变化下阔叶红松林的响应，结果显示气候变暖将使阔叶红松林分布范围缩小，南界将往北移，分布区的适宜性将下降。同时利用林窗模型分析气候变化情景下云冷杉阔叶红松林的动态变化，结果显示不同气候变化情景下林分反应有较大差异。在 GISS 和 OSU 情景下，云冷杉阔叶红松林将向枫桦紫锻红松林转化；而在 GFDL 和 UKMO 情景下，云冷杉阔叶红松林将向由蒙古栎、紫锻、裂叶榆等阔叶树种组成的阔叶林演变[139]。刘丹等依据黑龙江省 1961—2003 年期间的气温和降水的变化趋势分析红松的分布范围，认为相对于 1961—1990 年，1990—2003 年期间黑龙江省的红松的可能分布范围和最适分布范围均发生了北移，红松在黑龙江省分布面积扩大 1.57 万 km² [140-140]。邓慧平认为大幅增温将导致红松等针叶树种难以适应而逐渐消失，将由蒙古栎、裂叶榆（ *Ulmuslaciniata* ）、紫锻（ *Tiliaamurensis* ）等阔叶树种组成阔叶林[142]。陈雄文和王凤友用森林动态模型（BKPF 模型）的研究显示，在气候变化（温度上升 4.0℃，降水量增加 8.7%，另外，CO_2 浓度达到 700 μl•L）50 年后现存的天然红松林林木总株数将减少 20% 以上，地上部分生物量将减少 90% 以上；蒙古栎的生物量将占林分的主要部分；林分生产力比现在略高 4%，但红松林将转变为以蒙古栎、山杨、白桦等阔叶树种为主的阔叶林[143]。但气候变化对于采伐迹地阔叶红松林的恢复则有利[143]。程肖侠等研究表明，气候增暖下（降水不变）小兴安岭和长白山地区以红松为主的针阔混交林生物量将下降，气候增暖越多，下降趋势越明显；小兴安岭森林垂直分布林线上移；如果降水增加，将减弱温度增加对该区域森林造成的影响[144]。程肖侠和延晓冬运用森林生长演替动态模型（FAREAST 模型）预测的结果显示，在两种气候变化情景下（气温增加降水不变，气温和降水都增加），东北森林带将有北移的趋势，以红松、蒙古栎、椴树为主的温带针阔混交林将北移至大兴安岭地区[145]。延晓冬等应用林窗类计算机模拟模型 NEWCOP 模型评估了气候变化下东北森林生态系统的敏感性。在 GFDL 2×CO$_2$ 和 GISS 2×CO$_2$ 气候变化情景下，东北森林中的落叶阔叶树将取代目前长白山、小兴安岭的红松和大兴安岭的兴安落叶松（*Larix gmelinii*）成为东北森林主要树种，不到 80 年的时间小兴安岭的阔叶红松林就会消失，蒙古栎是其中的主要阔叶树种；针叶树在地带性森林中所占比例将很小。东北地区适于森林生长的区域也将大幅度减少[146]。尹红运用 TREE-RING 树轮生态机理模型模拟 SRES A1B 温室气体排放情景下小兴安岭地区红松径向生长的变化。相比于 1961—2010 年，在 A1B 情景下，2011—2060 年的红松生长开始日期提前了 5 天左右，生长结束时间提早了 3 天左右；考虑 CO$_2$ 施肥作用，径向生长量平均增加约 35%；如果不考虑 CO$_2$ 施肥作用，只考虑降水量变化的影响，红松径向生长量增加约 2%；如果 CO$_2$ 浓度和降水量都不变，未来 50 年的气温变化使树木径向生长量减少约 23%[45]。延晓冬等[146]、Zhao 等[147]用 NEWCOP 模型对东北的红松林的变化趋势进行了研究，结果表明，气候变化情景下，东北北部红松大量减少，蒙古栎逐渐增加，落叶松有所减少；东北中部针阔混交林依然存在，但阔叶树所占比例将增加；在东北南部红松将变成伴生树种，分布区减少。张峥采用 LINKAGES 模型模拟预测气候变暖对小兴安岭主要树种的潜在影响，结果显示当温度上升超过 5℃时，红松显示出衰退趋势，仅蒙古栎等耐高温、干旱的阳性树种能够较好地适应未来的高温环境[148]。张雷构建了多个植被 - 气候关系模型，预测了 3 种 GCM 气候情景下（CA、JP 和 NW）气候变化对中国主要树种分布的影响，显示中国的红松目前的生境适宜分布区将部分消失，并获取新的生境适宜分布区，未来气候条件下，其潜在分布区面积将逐渐减少，逐渐向西北方向迁移[149]。宋新强利用 CLOFRSKA 模型研究了黑龙江省北纬 49.5°~51° 范围内红松林、兴安落叶松林交错区的敏感区域树种的变化趋势，结果显示，由于气候的变化（2050 年增温 5.35℃，降水量将增加 32.38%），以蒙古栎为主的阔叶混交林将演替为以红松为主的阔叶红松林；阔叶红松林分布北界将发生北移[150]。冷文芳运用使用 logistic 回归模型预测全球气候模型 CGCM1（100 年后全球年均温增加 5.2℃，年降水增加 25.1%）情景下中国东北地区红松的覆盖率下降 4.9%[151]。周丹卉等[152] 运用林窗模型 LINKAGES 对 5 种气候情景下小兴安岭原始林的研究结果显示，在 GFDL、UKMO 情景下（温度升高幅度超过 7℃），小兴安岭主要树种存在全部衰退的可能；而 CGCM2 情景下（温度升高 4.6℃，降水增加），红松生物量先上升后下降，红松针阔混交林将逐渐演替为以色木槭和蒙古栎占优势的阔叶混交林。

也有部分学者通过模型预测显示气候变化后红松生物量将增加。如金森运用森林生理 - 生物量 - 生长量模型（FPBG 模型）的预测显示，相比于气候未变化情景时，HADLEY 气候变化情景下红松的株数有所减少，但其生物量则有所增加[153]。张峥采用 LINKAGES 模型模拟预测气候变暖对小兴安岭主要树种的潜在影响，结果显示当温度上升不超过 3℃时，红松的生长优势更加明显[148]。冷文芳运用使用 logistic 回归模型预测全球气候模型 HADCM2SUL（100 年后全球年均温增加 3.7℃，年降水增加 30.7%）情景下中国东北地区红松的覆盖率增长 87.8%[151]。周丹卉等[152] 运用林窗模型 LINKAGES 对 5 种气候情景下小兴安岭原始林的研究结果显示，在 OSU、GISS 情景下（温度升高较平缓，约 3℃ ~4℃），小兴安岭的云冷杉将消失，红松与阔叶树种比例增加，森林总生物量有升高趋势。Yu 等[123] 研究显示长白山地区不同海拔高度（750 m, 1 200 m 和 1 400 m）红松在气温上升 2℃或者上升 4℃，降水量增加或者减少 30% 的几种情况下，红松的径向生长都将增加，说明在长白山自然保护区红松分布区下限（750 m）的红松增长不会下降，也不会从分布区消失。Wang 等[125] 预测未来气温升高和降水减少的趋势下，长白山低海拔（740 m）红松的径向生长将降低，而中海拔（940 m）和高海拔（1 258 m）将增加。

综上可知，部分学者认为红松的分布区将减小 [23,146-147,151]，南界北移 [23,139]，北界也可能北移 [145,150]；但也有模型显示东北北部和南部红松生长量都大量减少 [146-147]，还有人的结果显示气候变暖有利于红松的生长 [123]，中国适宜红松分布的面积将增加，南界北移，北界也可能北移 [138]，黑龙江分布面积将增加 [138,140-141]，有些甚至认为红松将在小兴安岭消失 [142,146]。不同学者的研究结果存在的差异，关于中国东北地区阔叶红松林的变化动态也没有一致意见，主要原因是各自采用的预测模型不一致，并且依据的气候变化模型也不一致，预测气候变化幅度存在差异。Wang等指出，很多预测都不是基于气候模型和生长 - 气候关系进行的预测，因此这些预测没法有效地反映将来气候变化情况下的生长情况 [125]。为了能准确地预测阔叶红松林的变化动态，因此还需要加强这方面的研究，采用最新的最权威的气候变化预估数据，以及有效地红松生长 - 气候因子的模型进行预测。

第2章 研究区域及研究方法

2.1 采样区域

本项目主要研究中国东北阔叶红松林生态系统中红松的生长变化趋势、红松生长与气候因子的关系，探讨这些趋势及关系是否在不同纬度、不同海拔高度、种内变异、不同径级之间是否存在差异，了解纬度梯度和海拔梯度之间的联系，探索气候变化对红松生长的影响。基于上述目的，在进行样地选择时需要遵循如下原则：

（1）尽量覆盖中国东北阔叶红松林分布区的整个区域，需要在核心区和南北边缘区进行采样；

（2）尽量降低人为干扰对红松生长的影响，因此自然保护区内的原始阔叶红松林是最好的选择，在自然保护区的实验区或缓冲区进行采样；

（3）在不同纬度梯度进行采样时，尽量使海拔高度和坡向尽量接近。但由于红松对环境的需求，造成低纬度地区红松分布的海拔比较高，而高纬度地区，红松分布的海拔比较低。因此无法完全保证不同纬度样地的海拔一致，只能尽量接近一些。

（4）研究海拔梯度时需要经纬度和坡向尽量接近，具有一定的海拔高差，还需要人为干扰少。

基于以上原则，本研究在以下4个国家级自然保护区进行采样：辽宁省白石砬子国家级自然保护区、吉林省长白山国家级自然保护区、黑龙江省凉水国家级自然保护区、黑龙江省胜山国家级自然保护区。这几个国家级自然保护区保护的核心对象都是阔叶红松林生态系统，里面的红松受人为干扰比较小。长白山自然保护区由于其海拔高差丰富，红松分布区广，是研究红松海拔梯度特征的最理想的场所。

2.2 研究区自然环境概况

2.2.1 胜山自然保护区

胜山国家级自然保护区（49°25′~49°40′ N，126°27′~127°02′ E）位于黑龙江省黑河市爱辉区西南部，处于小兴安岭西北坡，与大兴安岭毗邻，是大、小兴安岭的过渡带，物种非常丰富且具有特色。此区域属寒温带大陆性气候，冬季寒冷而漫长，夏季温暖而多雨，秋季短促而温湿。1958 至 2011 年的年平均气温 −2.6℃，年平均最高和最低气温分别为 4.9℃和 −9.6℃，极端最高和最低气温分别为 36℃和 −40.7℃，年积温 1 450~1 750℃，年降水量是四个样地中最少的，约 537 mm，年平均相对湿度 70.2%。根据气温对植物生长的影响，依据月平均气温和月平均最低温度，将季节分为下面几种类型 [41,155]：冬季（WD，$T_m \leq 0℃$）、生长季早期（BG，$T_m > 0℃$ 且 $T_{min} < 5℃$）、生长季（GS，$T_{min} \geq 5℃$）、生长季末期（EG，$T_m > 0℃$ 且 $T_{min} < 5℃$）。此区域冬季漫长，从 10 月到第二年的 3 月共 6 个月都属于冬季。冬季气温寒冷，月平均气温和月平均最低气温分别为 −17.6℃和 −24.5℃，月降水量较少，只有 33.6 mm。此区域生长季最短，只有 6~8 月三个月的时间，气温较凉爽，降水量相对较大，生长季的季平均气温和季平均最高气温分别为 16.3℃和 22.8℃，月降水量为 344.5 mm。4、5 月为本地区红松的生长季早期，9 月为生长季末期，是晚材形成的主要时期（见表 2-1）。

胜山国家级自然保护区总面积为 6 万 hm²，其中核心区面积为 1.82 万 hm²，缓冲区面积为 1.31 万 hm²，实验区面积为 2.87 万 hm²。2003 年黑龙江省政府批准胜山自然保护区为省级自然保护区，2007 年国务院批准其晋升为国家级自然保护区，是黑龙江省小兴安岭林区温带森林生态系统保存比较完整、典型的自然保护区，也是中国东北地区典型森林生态系统顶极群落的生态脆弱区 [154]。

表 2-1　6 个样地季节划分及季节气候因子概况

样地	季节	包含月份	平均气温（℃）	平均最高气温（℃）	平均最低气温（℃）	月均降水量（mm）	平均相对湿度（%）	PDSI
A	WD	10, 11, 12, 1, 2, 3	−16.4	−8.4	−23.3	33.6	69.3	−0.7
	BG	4, 5	5.0	12.2	−2.9	70.3	56.7	−0.8
	GS	6, 7, 8	16.3	22.8	9.5	344.5	78.5	−0.8
	EG	9	8.7	16.3	1.7	88.7	74.6	−0.9
B	WD	11, 12, 1, 2, 3	−16.0	−8.3	−22.7	43.5	69.0	−0.7
	BG	4, 5	7.3	14.4	0.1	75.9	56.9	−0.9
	GS	6, 7, 8, 9	16.4	23.0	10.5	475.8	77.1	−0.9
	EG	10	2.2	9.3	−3.7	31.9	66.1	−0.9
C_L	WD	11, 12, 1, 2, 3	−11.9	−3.9	−19.2	62.1	68.7	−0.6
	BG	4, 5	7.5	15.4	0.0	110.4	61.2	−0.4
	GS	6, 7, 8	17.6	24.2	11.9	404.0	81.4	−0.4
	EG	9, 10	7.3	15.7	0.4	98.2	74.2	−0.7
C_M	WD	11, 12, 1, 2, 3	−13.7	−5.6	−20.9	62.1	68.7	−0.6
	BG	4, 5	5.8	13.6	−1.8	110.4	61.2	−0.4
	GS	6, 7, 8	15.8	22.4	10.1	404.0	81.4	−0.4
	EG	9, 10	5.6	13.9	−1.3	98.2	74.2	−0.6
C_H	WD	11, 12, 1, 2, 3	−15.2	−7.2	−22.5	62.1	68.7	−0.6
	BG	4, 5	4.2	12.1	−3.3	110.4	61.2	−0.4
	GS	6, 7, 8	14.3	20.9	8.6	404.0	81.4	−0.4
	EG	9, 10	4.0	12.4	−2.9	98.2	74.2	−0.7
D	WD	11, 12, 1, 2, 3	−8.8	−2.3	−14.4	20.1	66.4	−0.9
	BG	4	4.9	11.5	−1.5	53.4	60.0	−0.9
	GS	5, 6, 7, 8, 9	15.8	21.4	10.8	176.7	76.8	−0.9
	EG	10	5.7	12.6	−0.2	57.5	70.8	−1.1

　　注：A—胜山自然保护区；B—凉水自然保护区；C_L—长白山自然保护区低海拔区域；C_M—长白山自然保护区中海拔区域；C_H—长白山自然保护区高海拔区域；D—白石砬子自然保护区。WD—冬季；BG—生长季早期；GS—生长季；EG—生长季末期。

此区域属于大小兴安岭交界带，植被也呈现出大、小兴安岭植物区系交错、过渡的特点[156]。胜山自然保护区的植被主要是以兴安落叶松为优势的寒温带针叶林，混生一些小兴安岭的温带针阔混交林，但这些小兴安岭的温带针阔混交林在此不能形成优势群落常呈小片或散生分布于自然保护区内，如在局部冷湿的生境中才集中分布有阔叶红松林，约 338 hm^2，集中分布于东南部的"果松沟"一带[156]。红松是胜山自然保护区重点保护的两大重点保护物种之一，此区域红松林是中国原始红松林分布的最北区域，也是红松林分布的最西北区域。此区域的阔叶红松林的林分组成较为简单，林冠层主要有红松、红皮云杉（*Picea koraiensis*）和兴安落叶松（*Larix gmelinii*）；亚冠层为紫椴（*Tilia amurensis*）、水曲柳（*Fraxinus mandshurica*）、色木槭（*Acer mono*）、山杨（*Populus davidiana*）、枫桦（*Betula costata*）等树种；灌木层主要有黄花忍冬（*Lonicera chrysantha*）、毛榛子（*Corylsmandshurica*）、光萼溲疏（*Deutzia glabrata*）、刺五加（*Acanthopamax seuticosus*）等，伴生着珍珠梅（*Spiraeathunbergii*）、茶藨子（*Ribes mandshuricum*）、红瑞木（*Cornus alba*）、朝鲜接骨木（*Sambu cus coreana*）、暖木条荚蒾（*Viburnum barejaeticum*）、东北山梅花（*Philadelphus schrenkii*）、野蔷薇（*Rosa multiflora*）、小檗（*Berberis amurensis*）、五味子（*Schizandra chinensis*）、山葡萄（*Vitis amurensis*）等。草本层不甚发育，主要以红松针阔混交林的典型下草如亚美蹄盖蕨（*Athyrium acrostichoides*）、四花苔草（*Carex quadriflora*）等为主。保护区内的土壤以暗棕壤为主，境内河流水系较丰富，主要河流为逊比拉河[156]。

2.2.2 凉水自然保护区

凉水国家级自然保护区（47°7′~47°14′ N，128°48′~128°55′ E）位于黑龙江省伊春市带岭区境内，处于小兴安岭南坡达里带岭支脉东坡。此区域处于欧亚大陆东缘，属温带大陆性季风气候，冬季严寒、干燥而多风雪，夏季降水集中，气温较高。春秋两季气候多变，春季多大风，降水量小，易发生干旱。秋季降温急剧，多出现早霜。1958 至 2011 年的年平均气温 0.2℃，年平均最高和最低气温分别为 7.4℃和 −6.3℃，极端最高和最低气温分别为 38.7℃和 −43.9℃，正值积温在

2 200~2 600℃之间，年降水量 626 mm，6~8 月降雨占全年降水量的 60% 以上；无霜期 100~120 天，积雪期 130~150 天。年平均相对湿度 69.4%。按照对植物生长的影响进行季节划分，此区域冬季漫长，从 11 月到第二年的 3 月共 5 个月的时间都属于冬季。冬季气温寒冷，季平均气温和季平均最低气温分别为 −8.3℃和 −22.7℃，冬季总降水量较少，只有 43.5 mm。4 月和 5 月属于生长季早期，气温较凉爽，季平均气温为 7.3℃，季总降水量为 56.9 mm。6 月至 9 月，气温较高，降水量较大，是本区域植物的生长季。季平均气温和季平均最高气温分别为 16.4℃和 23.0℃，季总降水量为 457.8 mm。10 月为植物的生长季末期，气候凉爽，季平均气温为 2.2℃，总降水量为 31.9 mm（见表 2-1 和图 2-1）。

凉水国家级自然保护区面积为 12 133 hm²，1958 年东北林学院在此建立林场后停止大面积采伐，只是结合教学和科研进行少量主伐和抚育采伐。1980 年原林业部批准建立为凉水自然保护区，1996 年加入中国人与生物圈保护区网络，1997 年由国务院审定正式批准晋升为国家级自然保护区，主要保护以红松为主的温带针阔叶混交林生态系统。凉水自然保护区内保护着大面积原始红松林，是目前中国保存下来的最典型、最完整的北温带阔叶红松林生态系统 [157-158]。保护区内现有原始成过熟林面积 4 100 hm²，其中红松林面积占 80%，蓄积量达 100 万 m³[159]。保护区内除了有重点保护的处于演替顶极阶段的阔叶红松林外，还有冷云杉林、兴安落叶松林，又有受干扰后处于不同演替阶段的次生林，同时还有少数人工林，几乎囊括了小兴安岭山脉的所有森林类型。在红松林分布区的土壤主要为暗棕壤。本区属于低山丘陵地带，全区海拔平均为 400 m 左右，平均坡度在 10°~15° 之间。此区域的阔叶红松林是典型的小兴安岭阔叶红松林的组成结构，包括以下主要物种：树冠层主要有红松、水曲柳（*Fraxinus mandshurica*）、大青杨（*Populus ussuriensis*）、枫桦（*Betula costata*）、裂叶榆（*Ulmus laciniata*）、红皮云杉（*Picea koraiensis*）、冷杉（*Abies nephrolepis*）、鱼鳞云杉（*Picea jezoensis*）、紫椴（*Tilia amurensis*）等；亚冠层主要有色木槭（*Acermono*）和春榆（*Ulmus japonica*）等；中间层主要树种有白桦（*Betula platyphylla*）、花楷槭（*Acer ukurunduense*）、黄菠萝（*Phellodendron amurense*）、大黄柳（*Salix raddeana*）、青楷槭（*Acer tegmentosum*）、稠李（*Prunus padus*）、毛

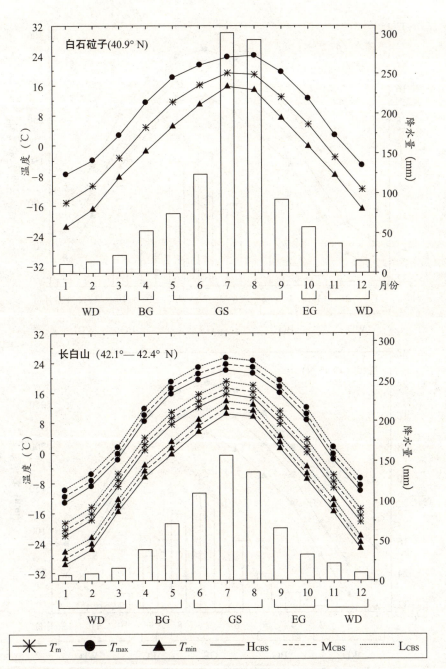

注：WD：冬季；BG：生长季早期；GS：生长季；EG：生长季末期。

图 2-1　6 个样地 1958—2012 年月降水量、月平均气温、月平均最高和
最低气温以及季节划分

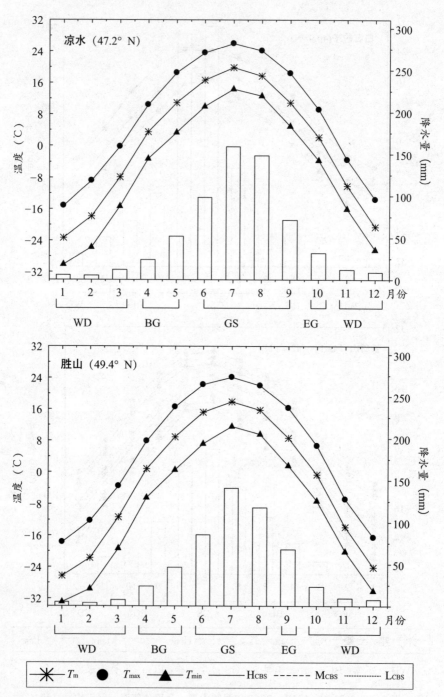

注：WD：冬季；BG：生长季早期；GS：生长季；EG：生长季末期。

图 2-1 （续）

赤杨（*Alnus sibirica*）等；林下层主要有光萼溲疏（*Deutzia glabrata*）、毛榛子（*Corylus mand-shurica*）、暖木条荚蒾（*Viburnum burejaeticum*）、瘤枝卫矛（*Euonymus pauciflorus*）、黄花忍冬（*Lonicera chrysantha*）、刺五加（*Acanthopanax senticosus*）、东北山梅花（*Philadelphus schrenkii*）、龙牙楤木（*Aralia elata*）等[159-160]。

2.2.3　长白山自然保护区

长白山国家级自然保护区（41°42′~42°25′ N，127°43′~128°17′ E）位于吉林省东南部的延边朝鲜族自治州，处于欧亚大陆边缘，濒临太平洋的强烈褶皱带，是中国东北部最高山系，长白山主峰海拔 2 691 m。此区域属于受季风影响的温带大陆性山地气候，具有明显的垂直气候变化带谱特征，自下而上可划分中温带、寒温带和高山亚寒带 3 个气候带。长白山自然保护区的气候特征是：春季风大干燥，夏季短暂温凉，秋季多雾凉爽，冬季漫长寒冷。全区年平均气温在 4.9~7.3℃之间，年降雨量一般为 600~900 mm（王淼等，2003）[161]。按照对植物生长的影响进行季节划分，此区域冬季漫长，从 11 月到第二年的 3 月共 5 个月的时间都属于冬季。冬季气温寒冷，降水量较少。4 月和 5 月属于生长季早期，气温较凉爽，降水量较多。6 月至 8 月，气温较高，降水量较大，是本区域植物的生长季，这 3 个月的降水量占全年降水量的 60% 以上。9 月和 10 月为植物的生长季末期，气候凉爽（见表 2-1 和图 2-1）。

长白山自然保护区始建于 1960 年，面积约 19.65 万 hm²，1980 年被纳入"国际人与生物圈计划"保护网，1986 年被国务院批准为国家级自然保护区，目前是中国面积最大、自然环境和生态系统保存比较完整的森林保护区[162]。沿海拔从低到高依次分布着阔叶红松林、云冷杉红松林、云冷杉林、高山岳桦林和高山草甸等植被类型。保护区内阔叶红松林带是长白山寒温带典型的地带性植被，主要生长于气候较温和、降雨量较大、暗棕色森林土、海拔 720~1 100 m 范围内，是长白山区动植物种类最多、植物生长最繁茂的典型林带，该植被带中拥有红松（*Pinus koraiensis*）、水曲柳（*Fraxinus mandschurica*）、黄菠萝（*Phellodendron amurense*）、紫椴（*Tilia amurensis*）等国家Ⅱ级保护植物[163]。阔叶红松（*Pinus koraiensis*）林是中国东北地区的地带性植被，长白山区是阔叶红松林的核心分布区[164]。此区域的阔叶红松林是世界上已为数不多的大面积原生针阔混交林，与同纬度的欧美地区相比，这里以结构复杂、组成独特且生物多样性丰富而闻名于世[164]。阔叶红松林里植物组成丰富，主要有红松（*Pinus koraiensis*）、蒙古栎（*Quercus mongolica*）、紫椴（*Tilia amurensis*）、水曲柳（*Fraxinus mandshurica*）、青楷槭（*Acer tegmentosum*）、色木槭（*Acer mono*）、怀槐（*Maackia amurensis*）、假色槭（*Acer pseudosiebodianum*）、毛榛（*Corylus heterophylla*）、溲疏（*Deutzia amurensis*）、簇毛槭（*Acerbarbinerve*）、东北茶子（*Ribes mandschuricum*）、刺五加（*Acanthopanax senticosus*）、卫矛（*Evonymus alatus*）、蚊子草（*Filipendulapalmate*）、猴腿蹄盖蕨（*Actinidia kolomikta*）、分株紫萁（*Osmunda cinnamomea*）、美汉草（*Meehania urticifolia*）、狭叶荨麻（*Urtica angustifolia*）、木贼（*Hippochaete hyemale*）等[164-167]。

2.2.4　白石砬子自然保护区

白石砬子国家级自然保护区（40°50′~40°57′ N，124°44′~124°57′ E）位于辽宁省宽甸县大川头镇，处于中国东北地区长白山向南延伸地段。此区域属温带大陆性季风气候，冬季比较寒冷，夏季温暖湿润，昼夜温差变化较大[168]。1958 至 2011 年的年平均气温为 3.8℃，年平均最高和最低气温分别为 10.0℃ 和 −1.6℃，极端最高和最低气温分别为 35.5℃ 和 −38.5℃，年降水量为 1 094.7 mm，6~8 月的降水量占全年降水量 65% 以上。年平均相对湿度 70.2%。按照对植物生长的影响进行季节划分，此区域冬季漫长，从 11 月到第二年的 3 月共 5 个月的时间都属于冬季。冬季气温寒冷，季平均气温和季平均低气温分别为 −8.8℃ 和 −14.4℃，月降水量较少，只有 20.1 mm。4 月属于生长季早期，气温较凉爽，季平均气温为 4.9℃，月降水量为 53.4 mm。5 月至 9 月，气温较高，降水量较大，是本区域植物的生长季。季平均气温和季平均最高气温分别为 15.8℃ 和 21.4℃，月降水量为 176.7 mm。10 月为植物的生长季末期，气候凉爽，月平均气温为 5.7℃，降水量为 57.5 mm（见表 2-1 和图 2-1）。

白石砬子国家级自然保护区总面积 7 467 hm²，核心区 2 267 hm²，实验区

1 467 hm²，缓冲区 2 900 hm²，营林区 833 hm²。1981 年由辽宁省政府批准建立成省级自然保护区，1988 年经国务院批准晋升为国家级自然保护区，主要保护长白、华北植物区系交替地带原生型红松阔叶混交林的自然景观[169]。保护区内植物种类繁多，共有植物 249 科 759 属 1 839 种。主要有红松（*Pinus koraiensis*）、鱼磷云杉（*Picea jazoensis*）、蒙古栎（*Quercus mongolica*）、假色槭（*Acer pseudo-sieboldianum*）、色木槭（*Acer mono*）、紫椴（*Tilia amurensis*）、臭冷杉（*Abies nephrolepis*）、花曲柳（*Fraxinus rhynchophylla*）、裂叶榆（*Ulmus laciniata*）、山杨（*Populus davidiana*）、花楷槭（*Acer ukurunduense*）、千金榆（*Carpinus cordata*）、花楸（*Sorbus pohuashanensis*）、灯台树（*Cornus controversa*）、暴马丁香（*Syringa amurensis*）、核桃楸（*Juglans mandshurica*）、斑叶稠李（*Prunus maackii*）、山樱桃（*Prunus verecunda*）等物种[170]。阔叶红松林分布区的土壤主要为暗棕色森林土壤。

2.3　树轮样本的采集

2.3.1　样地设置

在中国原始阔叶红松林分布区从南到北 4 个以阔叶红松林为保护对象的国家级自然保护区内的原始阔叶红松林内设置四个纬度梯度样地，在长白山自然保护区内不同海拔高度设置三个海拔梯度样地。自然保护区受人为干扰小，研究结果主要反映自然因素对植物生长的影响。四个纬度梯度样地涵盖中国现存的原始红松林分布的最北端、最南端和中部核心区域；三个海拔梯度样地涵盖长白山自然保护区原始红松林集中分布的下限、上限和中部地区。四个纬度梯度样地中的长白山自然保护区低海拔样地与三个海拔梯度样地中的长白山自然保护区低海拔样地为同一个样地，一共设置 6 个样地。为保证样地的坡向一致，6 个样地都设置在北坡。样地特征见表 2-2。

2.3.2　样本采集方法

2012 年 9~10 月，在 4 个国家级自然保护区内设置 6 个样地（表 2-2）。按照国际树轮库（ITRDB）的标准，分别在样地内选择达到林冠层的生长健康的成熟红松进行样芯采集，每个样地选取 25 株以上样木，测定每株样木的胸径，用树木生长锥在每株样木胸高处（距离地面 1.3 m）南北相对方向钻取 2 个样芯，确保通过髓心。树芯取出后放入塑料管内，用标签纸封口并注明采样地、树号、树芯编号和样地的生境条件及各采样木的特征，带回室内进行后续处理。

表 2-2　采样地基本情况

样地	经度	纬度	海拔（m）	坡向	郁闭度	n	主要植物
A	126°46′	49°27′	560~590	北坡	0.7	31	1、2、3、4、5、6、7、8、9
B	128°54′	47°11′	390~410	北坡	0.7	32	1、3、4、8、10、11、12
C_L	128°05′	42°24′	740~750	北坡	0.6	44	1、2、4、6、13、14、15
C_M	128°09′	42°14′	1 030~1 040	北坡	0.7	32	1、3、4、14、15、20
C_H	128°07′	42°08′	1 290~1 300	北坡	0.6	44	1、2、3、10、15、20
D	124°47′	40°55′	790~820	北坡	0.8	37	1、2、4、10、12、16、17、18、19

　　注：n：样本量；1）红松；2）鱼鳞云杉；3）臭冷杉；4）紫锻；5）白桦；6）糠椴；7）狗枣猕猴桃；8）毛榛；9）山葡萄；10）花楷槭；11）五角枫；12）刺五加；13）蒙古栎；14）水曲柳；15）山杨；16）裂叶榆；17）核桃楸；18）枫桦；19）忍冬；20）落叶松。

2.4　树轮样本的实验室处理

2.4.1　样本的预处理

固定、自然风干、打磨。野外采集回来的树轮样芯按照常规的树轮年代学方法进行处理[72]。样芯带回实验室后，用生态白乳胶粘附在特制的凹形木槽条中。木槽条厚度约 1 cm，宽度约 1.5 cm，长度略长于样芯长度。木条宽面中心位置挖沟槽，沟槽宽约 5 mm，槽深为 3 mm。安置样芯时，确保样芯的木质纤维走向与沟槽的横截面垂直，这样能确保打磨后的年轮边界位于样芯表面，有利于后期的测定。用细线绳将样芯与木槽条捆绑加固以防止样芯自然干燥中发生形变而翘起。

在木槽条的侧面注明样芯编号、种名、采集地点、树号、胸径等信息。待样芯自然风干后去除细线绳，此时样芯与木槽条已成为一体。用电动打磨机和手动打磨机绑定不同目数的砂纸由粗到细的顺序进行打磨，直至样芯表面光滑平整、年轮界限清晰可见。

2.4.2　测定树轮宽度及交叉定年

年轮序列的测量和交叉定年遵循标准化工作流程[171]。用骨架示意图方法[171]进行初步交叉定年[72]。骨架示意图方法是将样地内各样本的年轮特征进行对比，检查宽窄变化特征的同步性，对某些样本不同步的年份进行重点分析，根据各方面因素判断造成差异的原因，同时调整伪轮、遗失轮等造成的差异，最终建立起比较精确的树木年轮年表[38]。初步定年后按照树木年代学方法对树芯进行标年，沿树皮至髓心方向，公元整 10 年、50 年和 100 年处各自做出标注。每个公元 10 年标记为"•"，每个公元 50 年标记为"："，每个公元 100 年标记为"⁝"。利用 LinTab 5 年轮分析仪在 0.001 mm 水平上测量树轮宽度。由于采样时间某些样地红松还处于生长期末期，因此舍弃当年（2012 年）的年轮，从 2011 年开始测定年轮宽度。应用 COFECHA 程序对样芯宽度序列进行交叉定年。COFECHA 程序以步长为 32 年的样条函数过滤掉年轮序列中的低频变化，为了突出窄轮的作用，对序列进行对数转换。利用 50 年窗口、25 年滑动区间的序列与主序列之间的滑动相关系数，以 99% 的置信区间作为检验标准。假设定年准确时相关系数为最高，比较分段计算后的相关系数，以此判断测量和定年的准确性[38,40]。依据 COFECHA 程序的检验结果，结合样芯的实际生长状况，对存在问题的树芯再次进行检验和校正，确保定年与测量的准确。在分析中去除腐心、断裂、敏感度低和奇异点较多的序列。在校正和修改过程中采用了 LinTabs 自带的 TASP 软件。TASP 软件可以同时呈现多个样本序列的生长趋势图，可以非常方便直观地检查样本序列的同步性，并可通过样本序列的前后滑动，非常快速地检验生长趋势产生分歧的原因，并进行订正[38]。

2.4.3 年表的建立

运用 ARSTAN 程序 [172] 对序列宽度进行标准化并建立年轮宽度指数年表。由于本研究区属于较湿润的森林地区，研究中采用样芯序列长度的 2/3 作为步长的样条函数法（该方法无需假定年轮样本生长趋势的变化形式，直接采用连续光滑插值方法对具有持续性生长以及种间竞争产生的非同步扰动的树木进行生长趋势拟合，适于湿润地区去生长趋势 [28,38,127]）去除红松生长趋势和非气候因素，并对去趋势的序列以双重平均法合成标准年表（STD）。6 个样地中白石砬子自然保护区红松的年表较短，对其进行 1932—2011 年（80 年）公共区间分析，对其他 5 个样地红松标准年表进行 1912—2011 年（100 年）公共区间分析，得出相关年表统计指标，如平均敏感度（Mean sensitivity，MS）[38]、序列间的平均相关系数（Mean Correlation，R）、信噪比（Signal-to-noise ratio，SNR）[72]、样本总体代表性（Express population signal，EPS）[127,173]、标准差（Standdeviation，SD）[72]、一阶自相关系数（Autocorrelation order1. AR1）[174] 等统计指标。

2.5 气候资料的来源

本研究选取了与 4 个自然保护区最近四个气象站的气象数据：宽甸气象站（124°47′ E，40°43′ N，海拔 260.1 m）、松江气象站（128°15′ E，42°32′ N，海拔 591.4 m）、伊春气象站（128°55′ E，47°44′ N，海拔 240.9 m）和孙吴气象站（127°21′ E，49°26′ N，海拔 234.5 m）。气象数据包括月平均气温、月平均最高气温、月平均最低气温、月降水量、平均相对湿度 5 个气候因子，此数据来自中国气象科学数据共享网服务网（http://cdc.cma.gov.cn）。鉴于气象站海拔高度与样地海拔高度存在差异，根据海拔每上升 100 m 气温下降 0.6℃的一般规律计算样地气温 [175]，得出样地月平均气温、月平均最高和最低气温；月降水量、月平均相对湿度数据直接采用气象站数据，各样地的气候因子概况见图 2-1。四个气象站气象概况见表 2-3。

为了更进一步分析红松生长与土壤干湿情况的相关关系，选取了帕尔默干旱指数（PDSI）进行分析。帕尔默干旱指数（PDSI）是干湿变化的指数之一，它综合了降水和蒸发的影响，是水分亏缺量与持续时间的函数，能反映干旱期开始、结束和严重程度，其比降水量更能解释树木在生长期的水分供应平衡[176]。PDSI 值越高表明水分供应情况越良好，反之越低则表明某一时间越干旱。帕尔默干旱指数（PDSI）来源于 2.5°×2.5° 的格点数据。PSDI 数据时间段为 1981—2005 年。PSDI 数据来自于荷兰皇家气象研究所的数据共享网站（http://climexp.knmi.nl）。四个样地下载的 PSDI 数据的经纬度见表 2-4。

表2-3 四个气象站概况

气象站点	孙吴	伊春	松江	宽甸
样地	A	B	C	D
经度 (E)	127° 21′	128° 55′	128° 15′	124° 47′
纬度（N）	49° 26′	47° 44′	42° 32′	40° 43′
海拔（m）	234.5	240.9	591.4	260.1
年平均气温（℃）	−0.6	1	2.8	7
年平均最高气温（℃）	6.9	8.2	10.5	13.1
年平均最低气温（℃）	−7.6	−5.4	−4	1.6
年总降水量（mm）	539.7	631.3	674.7	1106.6
年平均相对湿度（%）	70.2	69.7	71.5	70.6
时段	1954—2012	1956—2012	1958—2012	1956—2012

注：A—胜山自然保护区；B—凉水自然保护区；C—长白山自然保护区；D—白石砬子自然保护区。

表2-4 四个自然保护区 PSDI 数据的经纬度

样地	经度（E）（°）	纬度（N）（°）	年均值	时段
胜山自然保护区	126.0~128.5	48.5~51.0	−0.62	1981—2005
凉水自然保护区	128.5~131.0	46.5~49.0	−0.69	1981—2005
长白山自然保护区	126.5~129.0	41.5~44.0	−0.51	1981—2005
白石砬子自然保护区	123.5~126.0	39.0~41.5	−0.73	1981—2005

考虑到红松生长节律和气候因子对红松生长影响的滞后作用，选取上一年 4 月到当年 10 月（共 19 个月）的月气象数据进行分析。另外，考虑到气候因子具有累积和长期影响效应，根据月平均气温（T_m）和月平均最低气温（T_{min}），将年气候资料分为以下四个季节阶段[41,155]，冬季（WD，$T_m \leq 0℃$）、生长季早期（BG，$T_m > 0℃$ 且 $T_{min} < 5℃$）、生长季（GS，$T_{min} \geq 5℃$）、生长季末期（EG，$T_m > 0℃$ 且 $T_{min} < 5℃$）。每个样地季节的划分和季节气候因子概况见图 2-1 和表 2-1。

为了预测不同气候变化情景下阔叶红松林变化动态，收集了《气候变化 2014：综合报告 2014》[1] 和《东北区域气候变化评估报告决策者摘要及执行摘要（2012）》[178] 两本资料两本权威气候评估报告。

2.6 数据分析

2.6.1 气候因子的变化趋势分析

为定量分析 1970—2011 年各样地的气候因子的变化趋势，以时间（年）作为自变量，各气候变量为因变量，采用 spss19.0 软件对气候因子进行一元线性回归，拟合成一元回归模型：$y = at + b$，其变化趋势为：$dy/dx = a$，式中，t 为年份，a 为气候因子倾向率。

2.6.2 年表与气候因子的相关分析

利用 spss19.0 软件进行红松树轮年表（年轮宽度年表、体积生长量年表、断面积生长量年表）与气象数据的相关分析，相关性用 Pearson 相关系数[33] 来衡量。文中 p<0.05 表述为显著变化，p<0.01 表述为极显著变化。

2.6.3 极值年分析

为进一步探讨年轮窄年和宽年的形成与气候因子的关系，本研究选取有气象数据年份内的极端窄年和宽年进行极值年分析，即对每年的气候要素求距平，然后检查与其相应年轮指数的变化[177]。

2.6.4　变化动态预测

采用 Spss19.0 软件进行逐步回归分析（α=0.05）和趋势预估。

2.7　研究技术路线

本论文的研究技术路线如下图 2-3：

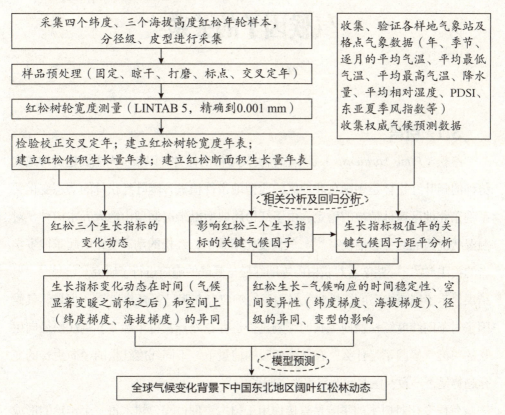

图 2-3　研究技术路线

第 3 章　不同纬度红松径向生长及与
气候因子的关系

3.1　引言

红松（*Pinus koraiensis*）是中国名贵又珍稀的树种，以该种为主要建群种或优势种的阔叶红松林是中国东北地区的典型地带性植被，阔叶红松林的动态变化关系到东北地区森林植被的稳定。由于红松属典型温带湿润型山地大乔木树种，对温湿状况适应的生态幅较窄[23]。气候变化情景下，红松的动态变化引起了很多学者的关注[24-27]。一些学者对长白山等地红松与气候的响应进行了研究[24,27,41,53,179-183]，结果显示不同海拔高度红松对气候因子的响应存在明显差异[41,181-182]。但是，气候因子对不同纬度红松径向生长的影响是否也存在差异？每个纬度影响红松径向生长的关键气候因子是什么？在气候变暖的情景下，不同纬度红松的径向生长的变化趋势是否一致？这些问题目前尚未明了。

气候变化对树木的影响是直接作用于树木生理过程，树木每一个年轮的形成都是多个生态因子综合作用的结果，每个年轮的宽窄都记录着众多气候因子和生态因子的信息。气候敏感区域的树木，运用树木年轮学方法在去除生长趋势和其他非气候因素的影响后，树轮宽度年表可保留非常强的气候信号[31,72]，因此可利用树轮宽度年表与气候因子的相关性来揭示影响树木径向生长的关键气候因子[29]。树木年代学由于具备定年准确、重复性高等特点，已经成为分析气候敏感区典型树种径向生长与气候变化关系的重要手段与主要途径[40]。

本文运用树木年轮学方法，以中国温带针阔混交林内 4 个不同纬度原始阔叶红松林的红松为研究对象，研究不同纬度红松径向生长对气候因子响应的异同，不同纬度影响红松径向生长的关键气候因子及气候变暖背景下不同纬度红松的径向生长动态特征、适应性及敏感性，以期为预测全球气候变化背景下中国原始阔叶红松林的动态提供数据，为阔叶红松林的合理经营提供科学参考。

3.2　研究方法

在中国原始阔叶红松林分布区内选择从南到北 4 个以阔叶红松林为保护对象的国家级自然保护区为研究对象。2012 年 9~10 月，在 4 个国家级自然保护区内设置 4 个纬度梯度样地，长白山自然保护区是在低海拔区域进行的样地设置，具体样地情况见表 3-1。

表 3-1　样地基本情况

样地	A	B	C	D
经度	126° 46′	128° 54′	128° 05′	124° 47′
纬度	49° 27′	47° 11′	42° 24′	40° 55′
海拔（m）	560~590	390~410	740~750	790~820
坡向	北坡	北坡	北坡	北坡
年平均气温（℃）	−2.6	0.2	1.9	3.8
年平均最高气温（℃）	4.9	7.4	9.6	10
年平均最低气温（℃）	−9.6	−6.3	−5	−1.6
年降水量（mm）	537.7	626.4	672.7	1094.7
年均相对湿度（%）	69.9	69.4	71.5	70.6
PDSI	−0.8	−0.8	−0.5	−0.9

注：A—胜山自然保护区；B—凉水自然保护区；C—长白山自然保护区；D—白石砬子自然保护区。

　　按照国际树轮库（ITRDB）的标准在四个纬度梯度样地进行采样、预处理、年轮宽度测定、交叉定年与校正，并生成 4 个年轮宽度年表。将四个纬度的年轮宽度年表与各自的月气候因子和季节气候因子进行相关分析，分析每个纬度影响红松年轮宽度的主要气候因子。为了更进一步探讨年轮宽年和窄年的形成与气候因子的关系，采用了极值年分析方法进行进一步的分析。具体操作方法见第 2 章。

3.3　结果分析

3.3.1　年表特征统计分析

　　四个不同纬度地区红松年表特征结果（表 3-2）显示最南端的白石砬子自然保护区红松年表序列最短，只有 102 年。而凉水自然保护区红松年表序列最长，达 238 年（图 3-1）。四个样点红松的平均敏感度均大于 0.170。白石砬子自然保护区的平均敏感度最高，为 0.197；各采样点的标准差在 0.172~0.537 之间，白石砬子自然保护区采样点的标准差最大，为 0.537，而长白山自然保护区采样点最低；四个样地的信噪比都比较高，在 8.894~21.505 之间；各样地的样本总体代表性都超过了 0.85 的标准值，白石砬子自然保护区样点的达到了 0.956；树间相关系数在 0.270~0.577 之间，胜山自然保护区的最低，而白石砬子自然保护区的最高；长白山自然保护区红松的一阶自相关最低，只有 0.253，而胜山自然保护区红松的一阶自相关最高，为 0.807，说明胜山自然保护区红松径向生长受上一年气候因素的影响非常大。

表 3-2　不同样点红松年表特征及公共区间分析

样地	A	B	C	D
经度	126.8°	128.9°	128.1°	124.8°
纬度	49.4°	47.2°	42.4°	40.9°′
海拔（m）	560~590	390~410	740~750	790~820
样本量 / 株	31	32	44	37

样地	A	B	C	D
序列长度（年）	1852—2011（160）	1774—2011（238）	1858—2011（154）	1910—2011（102）
共同区间（年）	1912—2011（100）	1912—2011（100）	1912—2011（100）	1932—2011（80）
平均敏感度	0.173	0.182	0.170	0.197
标准差	0.302	0.318	0.172	0.537
信噪比	8.894	13.051	11.978	21.505
样本总体代表性 EPS	0.899	0.929	0.923	0.956
树间相关系数	0.270	0.273	0.295	0.577
一阶自相关	0.807	0.472	0.253	0.625
EPS>0.85	1895—2011	1829—2011	1895—2011	1927—2011

注：A—胜山自然保护区；B—凉水自然保护区；C—长白山自然保护区；D—白石砬子自然保护区。

3.3.2　径向生长与逐月气候因子的关系

四个纬度梯度样地红松年轮宽度与月份气候资料的相关分析结果（图 3-2，图 3-3）显示，不同纬度红松的径向生长对当地的气候因子响应情况存在差异。

最北部胜山自然保护区红松径向生长主要对气温因子反应敏感；凉水自然保护区红松径向生长主要对当年 6 月的气候因子敏感；长白山自然保护区低海拔的红松径向生长对水分比气温更敏感；最南部白石砬子自然保护区红松的径向生长对水分（相对湿度和降水）和高温比较敏感。具体表现为：胜山自然保护区红松径向生长与下列气温因子都呈显著或极显著正相关：上一年 4 月、7 月至 8 月、10 月至 12 月和当年 2 至 5 月、7 月至 9 月的月均气温，当年 2 月和 3 月的月均最高气温，上一年 4 至当年 5 月、当年 7 月至 9 月的月均最低气温，上一年 5 月的月均相对湿度和当年 6 月的 PDSI；与当年 6 月的月均最高气温呈显著负相关。凉水自然保护区红松径向生长与当年 6 月的月平均气温、月均最高和最低气温及当年 2 月的月均相对湿度呈显著或极显著负相关；与当年 6 月的降水和月均相对湿度、当年 6

月、7 月的 PDSI 及上一年 4 月的月均气温和月均最高气温呈显著或极显著正相关。长白山自然保护区低海拔红松径向生长与当年 4 月和 9 月的月平均气温、6 月的降水量和月均相对湿度及 6、7、9、10 月的 PDSI 呈显著正相关；与上一年 7 月的降水量、当年 6 月的月最高气温和 4 月的月均相对湿度呈显著负相关。白石砬子自然保护区红松径向生长与上一年 5 月的降水量和月均相对湿度、当年 5~7 月的月均相对湿度呈显著或极显著正相关；与当年 1 月和 9 月的降水量、当年 6 月的月均气温和月均最高气温呈显著或极显著负相关。

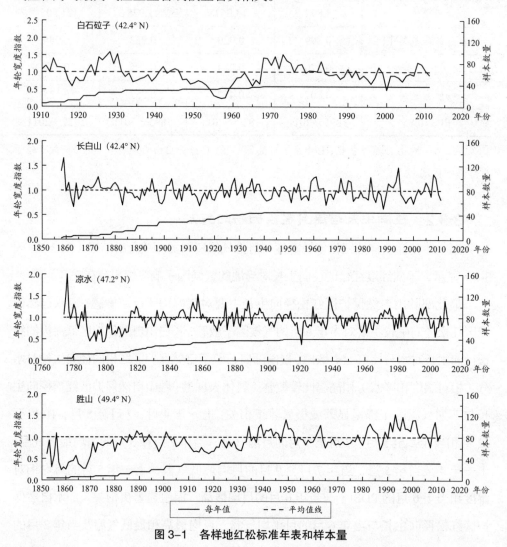

图 3-1　各样地红松标准年表和样本量

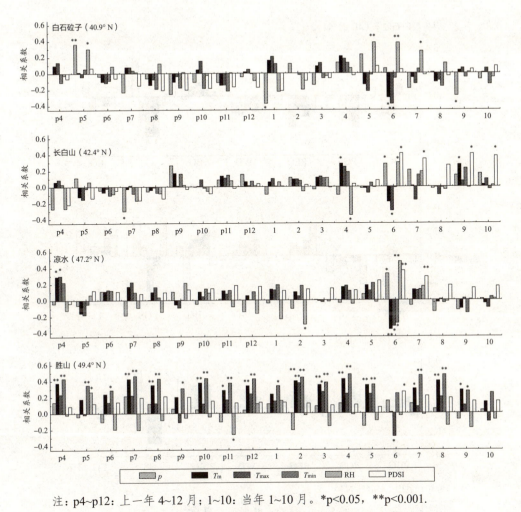

注：p4~p12：上一年 4~12 月；1~10：当年 1~10 月。*p<0.05，**p<0.001.

图 3-2　红松年轮宽度与月份气候资料的相关系数

3.3.3　径向生长与季节气候因子的关系

与月气候变量的关系相比,径向生长与季节气候变量的关系更为清晰。从图 3-3
可以看出,不同纬度的红松径向生长对季节气候的响应也存在差异。分布于中国
最北端的胜山自然保护区的红松径向生长对每个季节的大部分气温因子呈显著或
极显著正相关。如,与所有季节的季均最低气温都显著正相关,与上一年生长季
早期、生长季、冬季和当年生长季早期和生长季末期的季均气温显著正相关,与
冬季和当年生长季早期的季均最高气温显著正相关。现代红松分布中心地带的凉

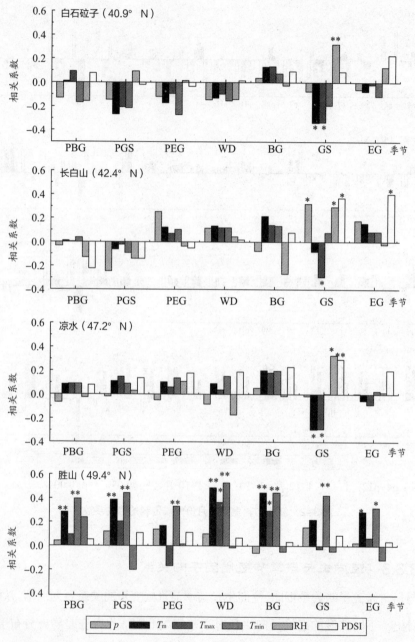

注：WD：冬季；BG：生长季早期；GS：生长季；EG：生长季末期；PBG：上一年生长季早期；PGS：上一年生长季；PEG：上一年生长季末期.

图 3-3　红松年表与季节变量的相关关系

水自然保护区主要与生长季的平均相对湿度和 PDSI 呈显著正相关，与生长季的季均气温和季均最高气温呈显著负相关。长白山自然保护区低海拔区域主要与当年生长季的降水和相对湿度以及生长季和生长季末期的 PDSI 显著正相关，与生长季平均最高气温显著负相关。最南部的白石砬子自然保护区的红松径向生长主要与当年生长季的季平均气温和平均最高气温显著负相关，与季均相对湿度呈极显著正相关。

3.3.4　极值年分析

选取四个样地红松年表年轮宽度指数 1958—2011 年期间的 2 个极窄年和 1 个极宽年进行极值年分析。对三个年份每月的月平均气温、月平均最高和最低气温、月平均相对湿度、PDSI 和月总降水量做距平，分析极端窄年和宽年与气候因子的关系。

3.3.4.1　胜山自然保护区

从孙吴气象站有气象数据记录以来，胜山自然保护区红松年轮宽度在 1965 年和 1987 年为极窄年，而 1993 年为极宽年。根据相关分析结果显示，该地区红松径向生长与与当年 6 月的月均最高气温呈显著负相关；与下列各气候因子显著正相关：上一年 4 月、7 至 8 月、10 至 12 月和当年 2 至 5 月、7 至 9 月的月均气温，当年 2 月和 3 月的月均最高气温，上一年 4 至当年 5 月、当年 7 至 9 月的月均最低气温，上一年 5 月的月均相对湿度和当年 6 月的 PDSI。

极值年气候因子距平分析（图3-4）显示，1965 年上一年 4 月、7 月至 8 月、10 月和 12 月的月平均气温以及当年 1 月至 5 月、7 月和 8 月的月平均气温都显著低于平均值，当年 2 月和 3 月的月均最高气温同样显著低于多年平均值，分别低了 3.54℃和 2.43℃；从上一年 4 月至当年 8 月，所有月份的月均最低气温也显著低于多年平均值，如当年 2 月和 4 月的月均最低气温比多年平均值分别低了 4.54℃和 3.88℃；上一年 5 月的平均相对湿度也低于平均值，当年 6 月的 PDSI 比多年平均值低了 1.98。1958—2011 年 6 月的平均降水量为 84.39 mm，而 1962 年 6 月的降水量仅为 43.2 mm，少了 41.19 mm。于此同时，1962 年 6 月的月均最高气温比历年平均值高了 1.85℃。说明 1965 年当年以及上一年多个敏感月份的平均气温和平均最低气温偏低、当年 6 月份的降水量和 PDSI 偏低以及 6 月份的平均最高气温偏高是造成 1965 年年轮窄年的主要原因。

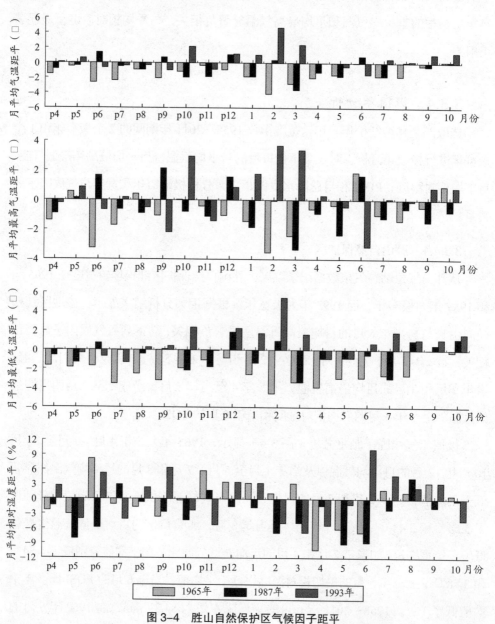

图 3-4　胜山自然保护区气候因子距平

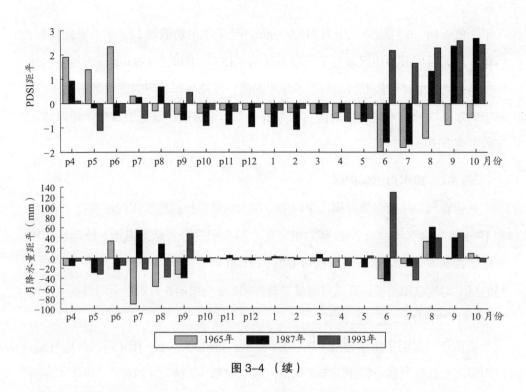

图 3-4 （续）

　　1987 年上一年 4 月、8 月、10 月、11 月和当年 3 月至 5 月、7 月的月平均气温都显著低于平均值，当年 3 月的月均最高气温低于多年平均值 2.43℃，上一年 5 月、10 月、11 月以及当年 1 月、3~5 月和 7 月的月平均最低气温显著低于平均值，上一年 5 月和当年 6 月的相对湿度显著低于平均值，当年 6 月的 PDSI 和降水量都显著低于平均值，当年 6 月的降水量仅为多年平均值的 46.45%。于此同时，当年 6 月的月均最高气温高于多年平均气温 1.65℃。说明 1987 年与 1965 年一样，窄轮的形成主要是由于敏感月份的月均气温、月均最高和最低气温比较低，当年 6 月的降水量和 PDSI 比较低而月均最高气温比较高造成的。

　　1993 年上一年 10 月、12 月，当年 2 月、3 月以及 9 月和 10 月的月均气温显著高于多年平均值，如当年 2 月和 3 月的月均气温分别高于多年均值 4.69℃和 2.41℃；同时当年 2 月和 3 月的月均最高气温也分别比多年均值高出 3.66℃和 3.37℃。上一年 10 月和 12 月、当年 1 月至 3 月以及 7 月至 10 月的月均最低气温也显著高于平均值，其中当年 2 月的距平值为 5.46℃。当年 6 月的 PDSI 高出多年平均值2.18，6月的降水量为213.90 mm，是多年平均值的2.53倍。于此同时，当年6月的月均最高地区却低于多年平均值3.15℃。因此，1993年敏感月份的月均气温、月均最高和最低气温高于多年平均值，以及当年6月的降水量和PDSI值高于多年平均值且6月的平均最高气温低于多年平均值，是促进本年年轮形成宽年的主要原因。

3.3.4.2 凉水自然保护区

从伊春气象站有气象数据记录以来，凉水自然保护区红松年轮宽度在2003年和1961年为极窄年，而2009年为极宽年。根据相关分析结果显示，该地区红松年轮宽度与6月的降水、平均相对湿度和PDSI值、当年7月的PDSI、上一年4月的月平均气温和月平均最高气温呈显著正相关；与当年6月的月平均最高气温和2月的平均相对湿度显著负相关。

极值年气候因子距平分析（图3-5）显示，1961年，上一年4月的月均气温、月均最高和最低气温分别比历年平均值低了2.22℃、2.14℃、2.09℃；当年4~6月的降水量都远低于平均值，分别只有平均值的8.43%、63.86%、86.99%，6月的平均相对湿度的距平为−7.93%，6月的月平均最高气温高于均值1.28℃，这些因素共同造成了1961年的窄轮。

2003年，当年6月的降水量比平均值少了39.53 mm，只有平均值的59.63%，6月的平均相对湿度与平均值持平，所有月份的PDSI值都显著低于均值，其中6月的PDSI值比平均值低7.48，6月的平均气温和月平均最高气温略高于平均值。这些因素共同造成了2003年的窄轮，其中6月的降水量过低造成土壤干旱严重是窄轮形成的关键因素。

2009年，当年6月的降水比平均值多了145.27 mm，是平均值的2.48倍；6月的平均相对湿度的距平为13.17%，是平均值的1.18倍；6月的月平均气温和平均最高气温分别比多年均值低了1.19℃和3.43℃，而上一年4月的月均气温、月均最高和最低气温分别比历年平均值高了2.89℃、3.26℃、2.41℃，这些因素共同促进了2009年宽轮的形成。

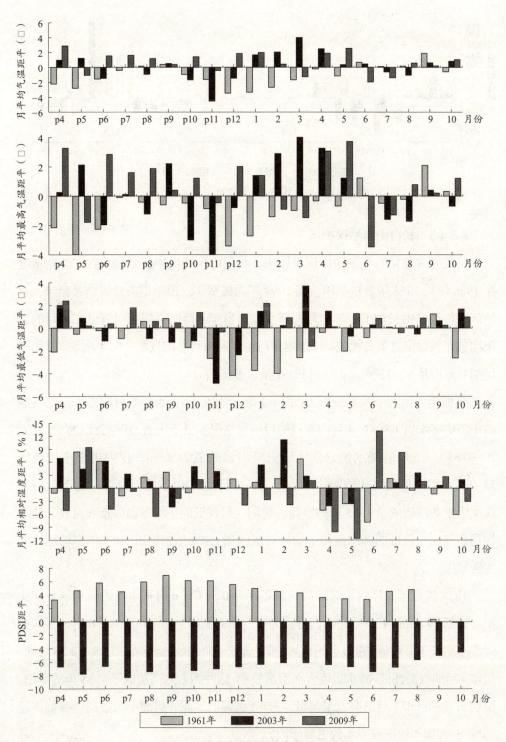

图 3-5　凉水自然保护区气候因子距平

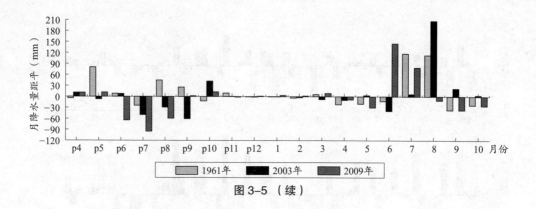

图 3-5（续）

3.3.4.3 长白山自然保护区

从松江气象站有气象数据记录以来，长白山自然保护区低海拔红松年轮宽度在 1988 年和 1965 年为极窄年，而 1994 年为极宽年。根据相关分析结果显示，本地区红松径向生长与上一年 7 月的降水量、当年 4 月的平均相对湿度和 6 月的月平均最高气温呈显著负相关；与当年 4 月和 9 月的月平均气温、6 月的降水量和平均相对湿度及 6、7、9、10 月的 PDSI 呈显著正相关。

极值年气候因子距平分析（图 3-6）显示 1965 年，当年 6 月的平均最高气温高于历史平均值 1.89℃，4 月和 9 月的月平均气温均低于均值，距平分别为 −3.38℃和 −0.65℃，6 月的降水量分别比历史平均值低了 74.9mm，仅为历史平均值的 31.40%，6 月的平均相对湿度距平为 −5.37%，6 月的 PDSI 值比历史平均值低了 1.13，这些因素共同造成了 1965 年的窄轮，说明 4 月较低的平均气温以及 6 月较高的平均最高气温、较低的降水量和平均相对湿度和 PSDI 值是促进 1965 年窄轮形成的主要原因。

1988 年当年 6 月的平均最高气温距平为 0.69℃，6 月和 7 月的降水量分别比平均值低 14.9 mm 和 69.0 mm，分别为平均值的 86.32% 和 56.02%；6 月的平均相对湿度略低于平均值，8~10 月的 PDSI 都显著低于平均值，距平在 −1.08~−1.28 之间，当年 4 月的气温偏低、降水量较大而湿度较高，这些因素共同造成了 1988 年的窄轮，说明当年 6 月和 7 月的降水量偏低、PDSI 值偏低，而 6 月的平均最高气温偏高是造成 1988 年年轮形成窄年的主要原因。

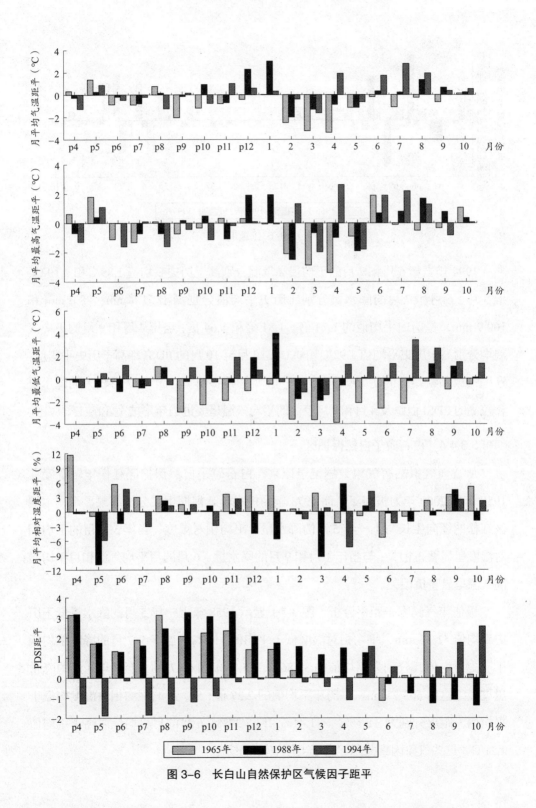

图 3-6　长白山自然保护区气候因子距平

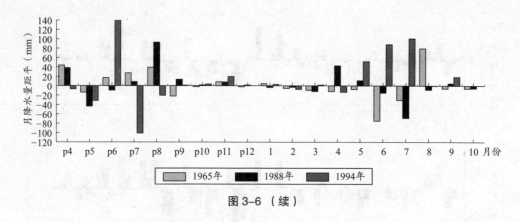

图 3-6 （续）

　　1994 年当年 6 月和 7 月的平均最高气温分别高于历史平均值 1.89℃和 2.19℃，但 5 月、6 月和 7 月的降水量分别比历史平均值分别高出 51.6 mm、88.0 mm 和 100.9 mm，是历史平均值的 1.73 倍、1.81 倍和 1.64 倍；当年 4 月和 9 月的平均气温均分别高于历史平均值 1.92℃和 0.35℃，5 月至 10 月的 PDSI 都高于历史平均值，这些气象因素共同促使 1994 年形成宽轮。说明 1994 年当年 5~7 月较大的降水量和较高的 PDSI 值以及 4 月和 9 月较高的平均气温是促进当年形成宽轮的主要原因。

3.3.4.4　白石砬子自然保护区

　　从宽甸气象站有气象数据记录以来，白石砬子自然保护区红松年轮宽度在 1958 年和 2000 年为极窄年，而 1973 年为极宽年。根据相关分析结果显示，本地区红松的径向生长与上一年 5 月的降水量、平均相对湿度、当年 5~7 月的平均相对湿度呈显著正相关；与当年 1 月和 9 月的降水量、6 月的月平均气温和月平均最高气温呈显著负相关。

　　极值年气候因子距平分析（图 3-7）显示 1958 年上一年 5 月的降水量低于历史平均值 51.17 mm，平均相对湿度低于平均值 11.5%，当年 5~7 月的降水量均低于历史平均值，分别为平均值的 39.86%、35.16% 和 65.72%；而当年 8 月的降水量过多，达到 663.7 mm，是历年平均值的 2.27 倍；5~7 月的平均相对湿度均低于平均值，距平分别为 −8.5%、−11.41% 和 −7.37%，6 月的月平均气温高于平均值 2.21℃。这些气象因素共同促进了当年窄轮的形成。

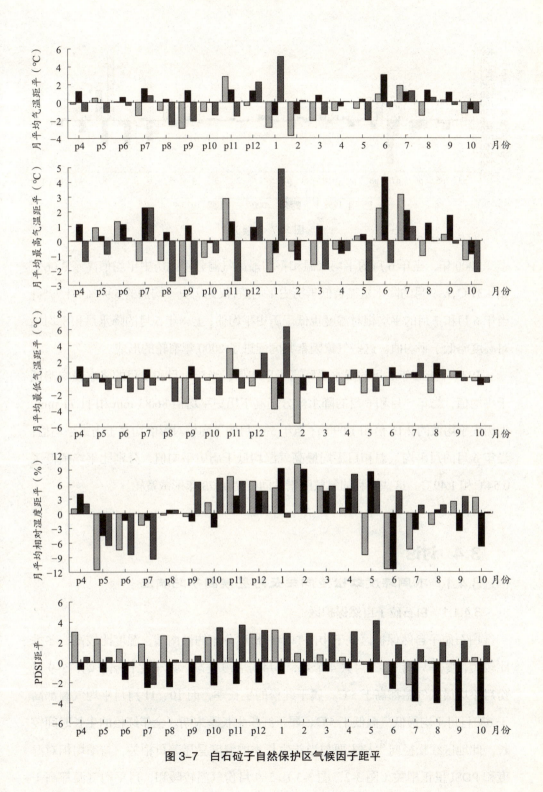

图 3-7 白石砬子自然保护区气候因子距平

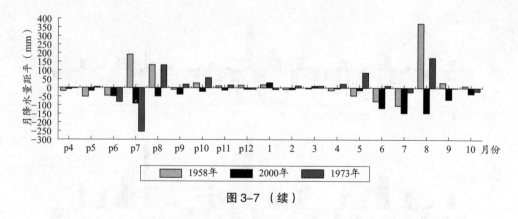

图 3-7 （续）

2000 年，当年 6 月的平均气温和平均最高气温分别比历史平均值高了 3.06℃ 和 4.31℃，6~9 月的降水量显著低于历史平均值，仅为历史平均值的 5.99%~51.77%；当年 6 月和 7 月的平均相对湿度也低于历史平均值；上一年 5 月的降水量和平均相对湿度略低于平均值。这些气象因素共同促进了 2000 年窄轮的形成。

1973 年上一年 5 月的降水量略高于平均值，当年 1 月和 9 月的降水量均略低于平均值，当年 5 月和 6 月的降水量分别高于历史平均值 86.83 mm 和 11.71 mm，为历史平均值的 2.16 倍和 1.09 倍；当年 5~6 月的平均相对湿度均高于历史平均值；当年 6 月的月平均气温和月平均最高气温均低于历史平均值，分别比平均值低了 0.54℃和 1.49℃。这些有利的气象因素共同促使 1973 年形成宽轮。

3.4 讨论

3.4.1 不同纬度红松径向生长对气候因子的响应

3.4.1.1 白石砬子自然保护区

白石砬子自然保护区处于中国原始红松林分布的最南端，温度比较高，冬季比较短，冬季只有 12~3 月共 4 个月，4 月份温度升高，属于生长季早期，5~9 月份月平均最低气温都高于 5℃，属于红松的生长季，而 10、11 月月平均气温都高于 0℃且月平均最低气温低于 5℃，属于红松生长季末期。全年红松的生长时间较长。此地区红松径向生长主要与当年生长季的温度呈显著负相关，与季均相对湿度和 PDSI 呈正相关（图 3-2，图 3-3）。5~9 月份气温较暖和，月平均气温都高于

14.9℃，月平均最低气温都高于8.4℃（图2-1），是本地区红松的生长季。如果拥有良好的气温条件加上丰富的降水，就能促使红松快速生长。但是本地区降水主要集中在7、8月，这两月的降水量分别占全年总降水量的27.4%和26.7%，属于较好的水热同期的时段，因此7月和8月的气温虽然较高，但是由于同期水分供应较充足，红松的径向生长与这两个月的气候因子相关性不是特别显著，只是与当年7月的月均相对湿度呈显著正相关。而生长季内的5、6月，降水量显著少于7、8月，分别只占全年总降水量的6.5%（72.5 mm）和11.2%（124 mm），相对于需水旺盛的生长期来说，降水还不是特别充足。温度较高，而降水偏少，高温少雨引起的干旱往往是本地区红松径向生长的主要限制因子。因此红松径向生长与当年5月的月均气温、月均最高和最低气温呈负相关（未达显著水平），与当年6月的月均气温和月均最高气温分别呈显著和极显著负相关，与5、6月的月平均湿度呈极显著正相关，与当年5、6月的降水量呈正相关，但未达显著水平。说明当年生长季的高温，尤其是6月的高温对红松径向生长影响非常大。

红松对空气湿度非常敏感，要求较高的空气相对湿度才能生长良好。在温度较高的白石砬子自然保护区，高温少雨往往会造成空气湿度偏低，因此本区域的红松径向生长与当年径向生长旺盛的5~7月的月均相对湿度都呈显著正相关。

9月份气温偏低，尤其是月均最低气温偏低，红松径向生长速度放慢，是晚材形成的关键时期。本区域9月份降水量（96.9 mm）相比于其他三个纬度样地来说还是比较多，能满足此阶段径向生长对水分的需求。此时如果降水过多，势必会减少太阳辐射并使温度偏低，不利于晚材的形成，从而影响当年年轮宽度。因此红松径向生长与当年9月的降水量呈显著负相关。

3.4.1.2　长白山自然保护区

长白山自然保护区低海拔区域红松径向生长主要与当年生长季的降水和相对湿度以及生长季和生长季末期的PDSI显著正相关（图3-2，图3-3）。说明在长白山自然保护区红松分布的低海拔地区，红松的径向生长主要受到降水因子的影响，这与高露双[38]的研究结果一致。在长白山自然保护区的低海拔，生长季高温将加剧红松的蒸腾作用和呼吸作用以及土壤的蒸发作用，这些因素共同作用下就会产生水分胁迫[184-185]，最终导致窄轮的形成。由于水分胁迫是低海拔地区主要的影响因子，降水对树木的生长起到了显著的促进作用[186]。

根据松江气象站的气温数据，长白山自然保护区低海拔地区 4~5 月为红松生长季早期，6~9 月份为生长季，10 月份为生长季末期，11 月至下一年 3 月为冬季（表 2-1）。此区域红松径向生长与月气候因子相关分析显示，红松径向生长对 4 至 10 月的气温、水分和湿度因子都敏感，对水分因子的响应更显著。其与 6 月份的月降水量、相对湿度、6~7 及 9~10 月的 PDSI 呈显著正相关。本区域 6 月份的月平均气温为 16.5℃，月平均最低气温为 9.8℃，月平均最高气温为 23.7℃，6 月份气温条件非常适合红松径向生长的需求，因此 6 月份是此区域红松径向生长的旺季，对水分的需求量非常大，6 月高温同时造成土壤中水分大量蒸发和植物呼吸作用和蒸腾作用增强，而 6 月的降水量只有 109.2 mm，相对于红松快速生长所需的水分和高温造成的水分的损失来说还是不够充足，因此红松的径向生长与 6 月份的月降水量、相对湿度和 PDSI 显著正相关。本研究结果与 Yu 等[1]、Wang 等[43]研究结果一致。6~8 月是本地区红松的生长季，9~10 月是本地区红松生长的末期。6、7 月虽然降水较充足，但高温造成土壤蒸发量大，9、10 月虽然温度低，但降水量较少，因此本区域红松径向生长与 6~7 和 9~10 月的 PDSI 呈显著正相关。

7 月属于红松生长季，这个月的多雨会影响光照强度和温度，影响到光合作用的效率，也相应缩短了树木的生长时间，体内储存的营养物质少，对下一年生长不利。长白山低海拔红松径向生长与上一年 7 月降水呈显著负相关关系与陈力等[182]及陈列[13]等的研究结果一致。

此区域红松除了对水分因子响应显著外，还对当年生长期间温度敏感。4 月是春季，月平均气温为 5℃，月平均最低气温为 −2.2℃，此时温度越高能加速林地积雪的融化和土壤温度的升高，促进红松根系活动和地上部分的萌动，有利于红松打破休眠期并及早进入生长季，因此此时温度越高越有利于当年红松的径向生长。如果本月降水量过多，相对湿度过大，则会使太阳辐射减少，导致气温下降，从而推后树木进入生长季的时间，影响径向生长。因此红松径向生长与 4 月的平均气温呈显著正相关，与 4 月月均相对湿度呈显著负相关，与 4 月降水量呈负相关，但未达显著水平。9 月是本区域红松晚材形成时期，较高的温度有利于红松形成较宽的晚材。长白山自然保护区低海拔红松径向生长与当年 4 月和 9 月月平均气温呈显著正相关的结果与陈力等[182] 和李广起等[175] 的研究结果一致。

红松径向生长与季节气候因子的相关分析结果显示本区域红松径向生长主要与生长季的降水、生长季和生长季末期的 PDSI 呈显著正相关。说明在长白山自然保护区红松分布的低海拔地区，红松的径向生长主要受到降水因子的影响，这与高露双[38] 的研究结果一致。在长白山自然保护区的低海拔，生长季高温将加剧红松的蒸腾作用和呼吸作用以及土壤的蒸发作用，这些因素共同作用下就会产生水分胁迫[184-185]，最终导致窄轮的形成。由于水分胁迫是低海拔地区主要的影响因子，降水对树木的生长起到了显著的促进作用[186-187]。

3.4.1.3　凉水自然保护区

凉水自然保护区的红松径向生长主要与生长季的气候因子显著相关。李兴欢通过微树芯法的研究结果显示，2012 年凉水自然保护区红松的形成层从 5 月中旬开始活动，9 月末活动结束，说明本地区红松的生长期是 5~9 月[188]。通过相关分析结果显示，当年 6 月的气候因子对此区域红松径向生长影响最显著（图 3-2，图 3-3）。该区域 6 月的平均气温（17.6℃）和平均最高气温（24.5℃）都很高（图 2-1），6 月是本区域红松径向生长速度最快的时期[188-189]虽然 6、7、8 月的降水量占全年降水量的 60% 以上，但这三个月降水还是分布不均匀。如图 2-1 所示，6 月的总降水量为 98.5 mm，只有 7 月的 60.9% 和 8 月的 68.0%，6 月的降水量相对于生长需求量来说还不是很充足，因此 6 月的降水越多，相对湿度和 PDSI 越高，径向生长越好。另外，6 月的高温会加大土壤水分的蒸发，降低土壤湿度和空气湿度，影响红松对水分的吸收，在降水量不是特别充足的 6 月，高温直接会造成红松受到干旱胁迫，降低光合效率、最大呼吸作用，抑制红松的径向生长，因此 6 月的月平均最高气温越高是造成窄轮的一个重要影响因素。红松生长对 6 月气候因子的响应情况与及莹[48] 和杨青宵[190] 对凉水红松的研究一致，也与 Yu 等[1] 对长白山低海拔红松研究结果一致。7 月份虽然降水量非常充足，但 7 月的温度是全年最高的，高温很容易造成土壤干旱，因此红松径向生长与 7 月的 PDSI 呈正相关。

4 月份是本地区的春季，温度越高越有利于积雪的融化、土壤温度的升高和红松打破休眠进入生长期，因此 4 月较高的月平均气温和月平均最高气温有利于红松积累光合作用物质，也有利于下一年的径向生长。及莹研究结果[48] 显示凉水地区红松还对当年 2、4、7 月的平均气温和 7 月的平均最低气温显著正相关，而本研究中结果显示红松径向生长与这几个气候因子呈正相关，但未达到显著水平。这种差异可能与两者具体采样的坡度、海拔等小气候因子及年龄不同造成的，也可能与采用的气象数据和气象数据时间长短不同有关。研究者采用长时间尺度的格点气象数据对此区域红松的径向生长与气候因子的响应进行分段分析的结果显示不同时间段红松径向生长对气候因子的响应情况存在不一致的情况[155]。

3.4.1.4 胜山自然保护区

黑河是全球原始红松林分布的最西北方，也是中国原始红松林分布的最北方。很多研究表明，处于高纬度地区的树木年轮宽度受温度的影响更为直接，温度的高低会直接影响树干形成层生长的速度和持续时间，从而影响年轮的宽窄变化[28]。

本研究结果显示本区域红松的径向生长主要与气温相关性显著，尤其对月平均气温和月平均最低气温反应非常敏感，说明气温是本区域红松径向生长的主要限制因子。黑河地区气候寒冷，冬季漫长，长达 5 个月（图 2-1，表 2-1）月均最低气温和月均气温都较低，冬季所包含 5 个月的月均最低气温在 −17.7℃ ~−30.9℃之间，极端最低气温最低时甚至达到 −48.1℃（1980 年 1 月极端最低气温）。月均最低气温最高的月份（7 月）也只有 13.6℃。温度过低，会直接伤害红松的根、径、叶等器官，影响到红松的径向生长。除生长季末期的季均气温相关性未达显著水平外，本区域红松的径向生长与所有季节的季均最低气温和季均气温都呈显著正相关，大部分季节都达极显著相关水平（图 3-3）。红松径向生长与月气候因子的相关分析结果也显示月均最低气温和月均气温显著影响着本区域红松的径向生长，月均最低气温和月均气温越高，越有利于红松的径向生长（图 3-2，图 3-3）。

与其他三个纬度一样，当年 6 月的气候因子也显著影响着此区域红松的径向生长。此区域 6 月的月平均气温为 17.2℃，月均最高气温为 24.3℃，是红松径向生长快速时期，但是此月的总降水量才 86.0 mm，相对于快速生长过程中的红松的需水量来说还是不够的, 白天的高温会加速水分的蒸发, 影响到红松的径向生长, 因此此区域红松的径向生长与当年 6 月的月均最高气温呈显著负相关, 与 PDSI 呈显著正相关, 与降水量呈正相关, 但未达显著水平。

本区域红松径向生长与降水没有显著相关而与温度相关显著的结果与及莹[48]的研究结果一致。

与其他三个纬度不同, 此区域冬季和当年生长季早期的气温显著影响着红松的径向生长, 红松的径向生长与冬季和当年生长季早期的季均气温、季均最高和最低气温都呈显著或极显著正相关。主要因为此区域冬季的气温太低, 如果冬季气温越高则越有利于下一年红松的径向生长; 另外生长季早期的温度越高, 有利于红松打破休眠、有利于根系活动和地上部分的萌动, 能更早进入生长期, 能促进当年的径向生长。

相对于其他三个样地, 胜山自然保护区红松径向生长与上一年气候因子有比较好的响应, 这与此样地红松年表的一阶自相关值比较高相呼应, 说明在寒冷区域, 上一年的气候因子对第二年的红松径向生长影响较大。

3.4.1.5　四个不同纬度红松径向生长对气候响应的异同

植物群落的分布与自然地理环境条件有着极为密切的关系, 地带性植被的形成是与该地区气候条件长期适应的结果, 所以植被分布区的中心地段为最适分布区, 而分布区的边缘区域则是受某些环境因子制约的生态胁迫区。本研究所设的四个样点包含了阔叶红松林分布区的中心区域和南、北缘, 跨越近 10 个纬度, 不同纬度的生态环境条件存在差异。不同纬度红松径向生长对气候因子的响应有一致的地方, 但也存在很多差异。

四个不同纬度样地红松径向生长对气候因子响应的不同之处主要如下: 最南端的白石砬子自然保护区红松径向生长主要对生长季的高温和降水敏感, 而最北端的胜山自然保护区主要对每个月的气温因子敏感; 中间纬度的长白山低海拔地区主要对生长季水分因子敏感, 凉水自然保护区主要对当年 6 月的气温和水分因子敏感。分布于最低纬度的白石砬子自然保护区, 虽然降水量最多, 但由于其气温是最高的, 高温使土壤蒸发量非常大, 其 PDSI 是四个纬度样地最低的, 说明土壤干旱最严重。在温度较高但降水量偏少的月份，高温将促进红松蒸腾作用和呼吸作用，加之高温造成的土壤持水能力下降，进一步抑制了红松的生长。此区域近40多年来降水量变化虽然不显著，但平均气温和平均最高气温上升显著。因此，此区域的高温及高温造成的干旱对红松的径向生长的影响比降水对其的影响更显著。处于最高纬度的胜山自然保护区，气温低、降水量少，月均相对湿度和PDSI较低。对于高纬度寒冷地区来说，树木的径向生长更大程度上受有机物合成的影响，生长期间过低的气温会降低叶片的光合作用，从而抑制红松的径向生长。因此本地区红松的径向生长与大部分月份（季节）的平均气温和平均最低气温均呈显著或极显著正相关，此结果与及莹[48]对黑河红松的研究结果一致。处于中间纬度的长白山自然保护区和凉水自然保护区，气温和降水量都处于中间水平。长白山自然保护区低海拔地区生长季气温较适合红松生长，降水相对较少，造成红松对生长季的降水量、平均相对湿度和PDSI都显著正相关，此研究结果与Yu等[1]和高露双[38]等对本地区红松的研究结果一致。凉水自然保护区6月的平均气温和平均最高气温都很高，但是6月的降水量相对于红松快速生长期的需求量来说不是很充足，因此此区域红松径向生长与6月的降水量呈显著正相关；另外，6月的高温会加大土壤水分蒸发，降低土壤湿度，在降水量不是特别充足的6月，高温会直接限制红松径向生长，因此红松径向生长与6月的平均气温、平均最高气温呈显著负相关。此研究结果与及莹[48]对凉水红松的研究结果一致。通常在寒冷地区，气温对不同纬度的同种植物的径向生长的相关性存在差异，主要是因为在其分布区的北端（或上限），较高的气温有利于物种度过寒冷的冬天[191]，高温还能促进融雪和生长季的提前[192]，并提高生长季的植物生长速率[193]；而在物种分布的南端（或下限），生长季的最高温已接近物种可以容忍的上限，因此，更高的气温只会增强胁迫和阻碍生长速率[194]。本研究结果与上述规律一致。

共同之处主要表现为三个方面：一是，四个纬度梯度样地红松的径向生长都与生长季的气候因子显著相关。生长季是红松径向生长最快速时期，此时的月平均气温都高于5℃，除了最北端的胜山自然保护区可能还存在最低气温相对较低可能会影响红松的径向生长外，其他三个样地的红松径向生长都不会受到低温的制约。红松快速生长过程中需要消耗大量水分，三个较低纬度区域生长季红松的径向生长受水分的制约更突出，尤其是高温造成的土壤干旱和空气干燥的问题较显著。因此三个较低纬度区域红松的径向生长都与生长季的季均最高气温显著负相关，与生长季季均相对湿度和 PDSI 显著正相关；胜山自然保护区红松径向生长与生长季的季均最低气温显著正相关。

二是四个不同纬度红松径向生长都与当年 6 月的平均最高气温呈显著负相关。将四个样地当年 6 月的平均最高气温的 10 年滑动平均序列与当地红松标准年表指数的 10 年滑动平均序列进行比较（图 3-7），发现它们之间存在很明显的负相关性。凉水自然保护区和白石砬子自然保护区 10 年滑动平均之后的红松年表序列与 6 月的平均最高气温序列呈极显著负相关，长白山自然保护区呈显著负相关，胜山自然保护区的相关性值偏小，说明当年 6 月的平均最高气温对四个样地红松的年轮宽度起着很重要的影响。分析四个样地 1970 年以来 6 月的平均最高气温变化趋势发现，只有白石砬子自然保护区的 6 月的平均最高气温显著上升（上升速率为 $0.36 ℃ \cdot (10 a^{-1})$ ），而其他三个样地的上升幅度均未达到显著水平。南部三个纬度红松近 40 年年轮宽度的变化趋势（图 3-8）也从另一个角度印证了 6 月最高气温对红松径向生长的影响。

三是四个样地红松除了与 6 月的平均最高气温响应敏感外，红松对 6 月的其他气候因子都较敏感；与 6 月的平均气温都呈负相关，其中白石砬子自然保护区的相关性达显著水平，其他样地的相关值也很高；与 6 月的降水量、平均相对湿度和 PDSI 都呈正相关，其中凉水自然保护区和长白山自然保护区样地的降水量、平均相对湿度和 PDSI 的相关值达到显著水平，胜山自然保护区的 PDSI 和白石砬子自然保护区的平均相对湿度的相关值达到显著水平。夏季风一般 7 月中旬到达华北和东北地区，造成这些地区 7、8 月的降水量非常大。东北地区的 6 月是属于季风前的关键时期，气候环境比较特殊，一般气温比较高，而降水量偏低。表 3-3 显示出四个样地极端窄年 6 月气候因子的距平情况，极端窄年时，当年 6 月的平均气温和平均最高气温一般都偏高，而平均最低气温则偏低；降水量、相对湿度和 PDSI 值都显著偏低。说明 6 月的气候因子对红松的径向生长影响非常大。四个样

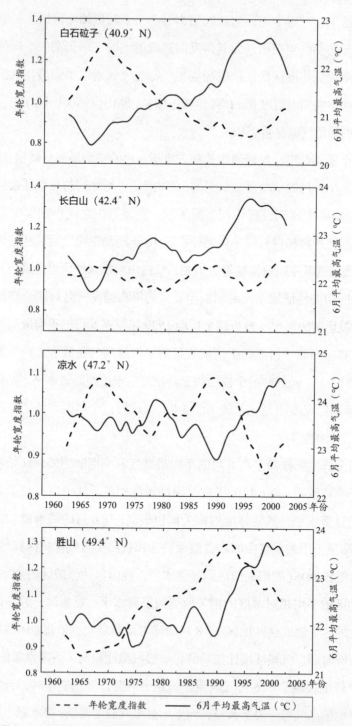

图 3-8　四个样点红松年表与 6 月平均最高气温的 10 年滑动平均序列

地 6 月份的气温都很高，是红松径向生长迅速的时期，但 6 月份的降水量相对生长需要来说还不是特别充足，加之红松是浅根性树种，生长于坡地的红松对土壤水分非常敏感。白天和夜间的高温加快了土壤的蒸发和红松的蒸腾作用，使土壤含水量迅速降低，同时消耗了红松体内太多的水分，蒸腾失水比根系吸水要大，使红松体内水分缺乏，造成形成层中水分亏缺，抑制了形成层分生组织的细胞分裂和细胞伸长；白天的高温造成的植物体内水分的亏缺，还会降低红松叶片叶绿体的类囊体膜上的光合色素含量，降低植物吸收光能的能力，从而降低白天的光合速率，影响光合作用产物的积累；夜间的高温还会加大呼吸作用，加快有机物质的消耗。因此红松径向生长与 6 月的平均气温和平均最高气温呈负相关，与降水量、平均相对湿度和 PDSI 呈正相关。6 月份是东北地区夏季风到达的前期，6 月份的气候因子是红松生长的主要限制因子，与 Borgaonkar 等 [196] 和 Brauning 等 [197] 对季风对树木年轮宽度的影响的分析一致。说明季风到来之前的气候因子（温度和水分）是影响树木径向生长的主要限制因子，而季风期的气候因子对其的作用不是特别明显。6 月份对红松径向生长的影响也反映出气温和降水对植物径向生长的影响是相互影响、共同作用的。

表 3-3　四个样地年轮极窄年 6 月气候因子距平

	胜山自然保护区		凉水自然保护区		长白山自然保护区		白石砬子自然保护区	
	年份	距平	年份	距平	年份	距平	年份	距平
T_m（℃）	1965	−0.04	1961	0.64	1965	−0.18	1958	0.86
	1987	0.86	2003	0.44	1988	0.32	2000	3.06
T_{max}（℃）	1965	1.85	1961	1.24	1965	1.89	1958	2.21
	1987	1.65	2003	0.04	1988	0.69	2000	4.31
T_{min}（℃）	1965	−2.89	1961	−0.83	1965	−2.62	1958	−0.99
	1987	−0.49	2003	0.27	1988	−0.22	2000	1.21
Rh（%）	1965	−6.81	1961	−7.83	1965	−5.37	1958	−11.41
	1987	−8.81	2003	0.17	1988	−0.37	2000	−11.41

	胜山自然保护区		凉水自然保护区		长白山自然保护区		白石砬子自然保护区	
	年份	距平	年份	距平	年份	距平	年份	距平
PDSI	1965	−1.98	1961	3.28	1965	−1.13	1958	−1.24
	1987	−1.60	2003	−7.48	1988	−0.30	2000	−2.64
P（mm）	1965	−41.19	1961	−12.83	1965	−74.94	1958	−77.60
	1987	−45.19	2003	−39.53	1988	−14.94	2000	−116.10

3.4.2　极值年分析

3.4.2.1　胜山自然保护区

1987 年和 2007 年两个极端窄年的上一年 9 月和当年 6 月的平均最高气温比平均值高出 1.52℃至 2.2℃，6 月的降水量低于平均值的 67%，1987 年 6 月的 PDSI 值低于平均值。而极端宽年的 1993 年上一年 9 月和当年 6 月的平均最高气温分别比平均值高出 2.08℃和 3.05℃，6 月的降水量为平均值的 250%，6 月的 PDSI 值高出均值 1.89。说明影响本地区年轮宽窄的关键气候因子是上年 9 月份和当年 6 月份的平均最高气温以及当年 6 月份降水、PDSI 值。6 月份是本地区红松径生长高峰期，此时的高温导致蒸腾作用加强，土壤水分减少，此时若降雨和空气湿度不足则影响树木水分吸收而阻碍径向生长。上一年 9 月份是红松形成层区域停止活动的时期，此时的高温会消耗当年储存的物质促进当年的径向生长，且不利于形成层细胞及时休眠，从而影响下一年木质部的分化。可以推测本地区 6 月份的温度上升 1.5℃以上、降水量减少 33% 以上，会对当年的径向生长造成很大影响。

3.4.2.2　凉水自然保护区

6 月是本地区红松径向生长旺季。极值年分析结果显示 2003 年和 1961 年两个年轮极窄年当年 6 月的降水量都低于平均值，加之月平均最高气温略高于平均值，使 6 月的 PDSI 值和平均相对湿度较低，影响到 6 月的径向生长，从而影响到当年的径向生长。2009 年 6 月的降水量是平均值的 2.49 倍，而 6 月平均的平均最高气温低于平均值 3.43℃，使 6 月的平均相对湿度高于平均值，土壤湿度较高，有利于红松的径向生长，从而形成宽轮。说明本地区影响红松径向生长的关键因子是 6 月的降水量、月平均最高气温、PDSI 和平均相对湿度。

3.4.2.3　长白山自然保护区

1988 年和 1965 年两个年轮极窄年当年 6 月的平均最高气温高于平均值 0.69℃以上，降水量低于平均值 14.9 mm 以上，PDSI 值低于平均值 1.87 以上，平均相对湿度都低于平均值。当年 4 月和 9 月的平均气温低于均值。1994 年虽然 6 月的平均最高气温高于平均值 1.89℃，但降水量是平均值的 1.73 倍，6 月的 PDSI 和平均相对湿度略低于平均值，当年 4 月和 9 月的平均气温都高于平均值。说明影响本地区还是径向生长的关键因素除了 6 月的平均最高气温、降水量、PDSI 和平均相对湿度外，还包括当年 4 月和 9 月的平均气温。4 月是本地区红松径向生长的早期，温度越高越有利于积雪的融化、土壤温度的升高，促进红松根系活动和地上部分的萌动，延长红松生长时间，有利于当年的径向生长。9 月是本区域红松晚材形成时期，较高的温度有利于红松形成较宽的晚材。

3.4.2.4　白石砬子自然保护区

1957 年和 1958 年两个年轮极窄年当年 6 月的平均最高气温高于平均值 1.34℃以上，月降水量低于平均值的 37% 以上，平均气温略高于平均值，平均相对湿度低于平均值 7.36% 以上。年轮极宽年的 1973 年当年 6 月的降水量为平均值的110.3%，月平均气温和月平均最高气温分别比平均值低 0.51℃和 1.46℃，平均相对湿度高于平均值 4.64℃。说明 6 月的月平均最高气温、降水量和平均相对湿度是影响本地区红松径向生长的关键因子。

四个纬度的分析都显示 6 月的月平均最高温度、降水量、平均相对湿度和PDSI 都是影响当地还是径向生长的关键因子。

3.5　本章小结

本章揭示了纬度梯度对于树木生长与气候因子关系的影响。对中国东北原始阔叶红松林分布区四个纬度梯度样地红松的径向生长的模式及其对于气候因子的响应进行了系统分析，结果发现不同纬度红松的径向生长对当地的气候因子响应情况存在一些异同。

不同之处表现为最南端的白石砬子自然保护区红松径向生长主要对生长季的高温和降水敏感，而最北端的胜山自然保护区主要对每个月的气温因子敏感；中间纬度的长白山低海拔地区主要对生长季水分因子敏感，凉水自然保护区主要对当年6月的气温和水分因子敏感。具体对月份气候因子的响应主要表现为：白石砬子自然保护区红松径向生长与上一年5月的降水量和月均相对湿度、当年5~7月的月均相对湿度呈显著或极显著正相关；与当年1月和9月的降水量、当年6月的月均气温和月均最高气温呈显著或极显著负相关。长白山自然保护区低海拔红松径向生长与当年4月和9月的月平均气温、6月的降水量和月均相对湿度及6、7、9、10月的 PDSI 呈显著正相关；与上一年7月的降水量、当年6月的月最高气温和4月的月均相对湿度呈显著负相关。凉水自然保护区红松径向生长与当年6月的月平均气温、月均最高和最低气温及当年2月的月均相对湿度呈显著或极显著负相关；与当年6月的降水和月均相对湿度、当年6、7月的 PDSI 及上一年4月的月均气温和月均最高气温呈显著或极显著正相关。胜山自然保护区红松径向生长与下列气温因子都呈显著或极显著正相关：上一年4月、7至8月、10至12月和当年2至5月、7至9月的月均气温，当年2月和3月的月均最高气温，上一年4至当年5月、当年7至9月的月均最低气温，上一年5月的月均相对湿度和当年6月的 PDSI；与当年6月的月均最高气温呈显著负相关。

共同之处主要表现为三个方面：一是，四个纬度梯度样地红松的径向生长都与生长季的气候因子显著相关。二是四个不同纬度红松径向生长都与当年6月的平均最高气温呈显著负相关。三是四个样地红松除了与6月的平均最高气温响应敏感外，红松对6月的其他气候因子都较敏感。

第4章　不同海拔高度红松径向生长及其对气候因子的响应

4.1　引言

气候变化主要通过影响树木的生理过程[198-199]来影响树木的生长情况，从而影响种群的分布和格局、群落的结构和类型，以及生态系统的生产力，最终对生态系统产生影响。了解了树木生长与气候因子的关系，可以为预测气候变化对森林生态系统的影响提供帮助[200-201]。树木年轮学方法由于能获取较长时间的树木生长状况数据，可以较准确地分析较长时间段树木生长与气候因子的关系[72]，因此被广泛应用于气候变化下森林生态系统动态分析领域[8-12]。全球气候变化背景下，山区森林被认为是非常脆弱和敏感的生态系统之一[202-203]。不同海拔梯度提供了生物生存的不同气候生态环境，具有一定海拔高差的山区森林生态系统为研究树木对气候的响应和适应提供了绝佳的研究场所[204]。在不同海拔梯度处于分布下限和上限的树种被证实对生态因子尤为敏感[15,205-207]。很多研究显示，同一气候区内，树木径向生长与气候因子的关系会随着海拔高度的变化而不同[203]。长白山处于中国气候变化的敏感区域，也是典型的山区森林生态系统。长白山由于海拔高度很高，气候条件非常适合红松生长，红松在长白山具有很好的垂直分布带。长白山是红松分布的核心区域之一，有着被人类干扰很少的原始红松林[208]。

气候变化对本区域生态系统的影响受到广泛关注[180]。程肖侠等通过林窗模型模拟东北主要森林演替动态结果显示气候变暖但降水不变的情况下长白山地区以红松为主的针阔混交林生物量将下降[145]。在有气象数据记录以来，此区域红松的径向生长的变化趋势是怎样的呢？红松的径向生长的变化趋势在不同海拔梯度是否存在差异？红松径向生长与气候因子的响应关系在不同海拔梯度上是否也存在异同？为了探究这些问题，本章以长白山自然保护区三个海拔高度的红松为研究对象，运用树轮生态学方法，研究不同海拔梯度红松生长与气候因子的关系，探索树木径向生长与气候因子的关系随海拔高度变化的动态规律，为预测气候变化情景下红松垂直分布的动态变化提供理论依据。

4.2 研究区域概况及研究方法

吉林省长白山地区红松分布的最低海拔在 590 m 左右，但属于长白山国家级自然保护区之外，红松生长受人为干扰大，因此本次仅在长白山国家级自然保护区内的原始红松林分布区设置样地。

2012 年 9~10 月，在长白山国家级自然保护区内红松分布区选择红松集中分布的最低、中间和最高三个海拔区域，设置 3 个样地：低海拔红松分布区（样地编号 CL，海拔 740~750 m），中海拔红松分布区（样地编号 CM，海拔 1 030~1 040 m），高海拔红松分布区（样地编号 CH，海拔 1 290~1 300 m）。由于自然保护区受人为干扰小，因此结果主要反映自然因素对植物生长的影响。样地的基本情况见表 2-2 和表 4-1。

表 4-1　采样地基本情况

样地编号	经度	纬度	海拔（m）	坡向	年平均气温（℃）	年平均最高气温（℃）	年平均最低气温（℃）	年降水量 P（mm）
C_L	128.1°	42.4°	740 ~ 750	北坡	1.9	9.6	−5.0	672.7
C_M	128.1°	42.2°	1 030 ~ 1 040	北坡	0.1	7.9	−6.7	674.7
C_H	128.1°	42.1°	1 290 ~ 1 300	北坡	− 1.4	6.3	−8.3	674.7

注：C_L—长白山自然保护区低海拔区域；C_M—长白山自然保护区中海拔区域；C_H—长白山自然保护区高海拔区域。

按照国际树轮库（ITRDB）的标准，分别在三个海拔梯度样地内进行采样、预处理、年轮宽度测定、交叉定年与校正，并生成 3 个年轮宽度年表。具体操作方法见第 2 章。

4.3　气候数据的选取与分析

在研究样地附近有四个气象站记录有气象数据，分别是松江气象站（128.15°E，42.32°N，海拔 591.4 m，1959 年至今）、二道白河气象站（128.12°E，42.43°N，海拔 700 m，1960 年至今）、长白山森林生态系统定位站的气象站（128.11°E，42.41°N，海拔 740 m，1982 年至今）和长白山天池气象站（128.05°E，42.01°N，海拔 2 623.0 m，1959—1988 年，1989 年后改为季节站）。本研究选取了距离样点最近且数据记录时间最长的气象站——松江气象站（128.15°E，42.32°N，海拔 591.4 m）的气象资料，包括月平均气温、月平均最高气温、月平均最低气温、月降水量、平均相对湿度 5 种气候要素。所使用的气象资料时间段为 1958—2011 年（数据来源于中国气象科学数据共享服务网 http://cdc.cma.gov.cn）。鉴于气象站海拔高度与样地海拔高度存在差异，根据海拔每上升 100 m 气温下降 0.6℃的一般规律计算样地气温[175] 得出三个样地的月平均气温、月平均最高和最低气温。月降水量、月平均相对湿度直接采用气象站数据。3 个样地气候因子分别见图 4-1 和表 4-1。

从荷兰皇家气象研究所的数据共享网站（http://climexp.knmi.nl）获取帕尔默干旱指数（PDSI）（2.5°×2.5° 的格点数据）。PDSI 数据时间段为 1981—2005 年，PDSI 数据的经纬度为：41.5°~44.0°N，126.5°~129.0°E。

将三个海拔梯度样地的年轮宽度年表与各自的月气候因子和季节气候因子进行相关分析，分析每个纬度影响红松年轮宽度的主要气候因子。为了更进一步探讨年轮宽年和窄年的形成与气候因子的关系，采用了极值年分析方法进行进一步的分析。具体操作方法见第 2 章。

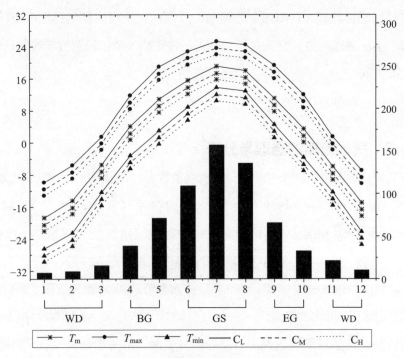

图 4-1　长白山自然保护区 3 个海拔梯度样地 1958—2011 年月降水量、
月平均气温、月平均最高和最低气温以及季节划分

4.4　结果分析

4.4.1　不同海拔高度红松径向生长情况

比较三个海拔高度样地红松有气象数据记录以来（1958—2011 年）径向生长的原始值均值和年轮指数均值可知（表 4-2），随着海拔的升高，红松径向生长速率逐渐降低，年均年轮宽度越来越小。

表 4-2　1958—2011 年长白山不同海拔样地红松径向生长值

样地	H_{CBS}	M_{CBS}	L_{CBS}
径向生长值（0.001m•a^{-1}）	1.10	1.12	1.97

三个海拔梯度样地红松年表相关分析（表 4-3）表明不同海拔年表之间具有显著的相关关系，其中高海拔年表与低海拔年表的相关性最小，而高海拔年表与中

海拔年表的相关性最大。

表 4-3　长白山自然保护区不同海拔样地红松公共区间内（1912—2011）标准年表的相关系数

样点编号	低海拔 C_L	中海拔 C_M	高海拔 C_H
低海拔 C_L	1.00	0.544**	0.406**
中海拔 C_M		1.00	0.606**
高海拔 C_H			1.00

注：** 表示在 0.01 水平（双侧）上显著相关。

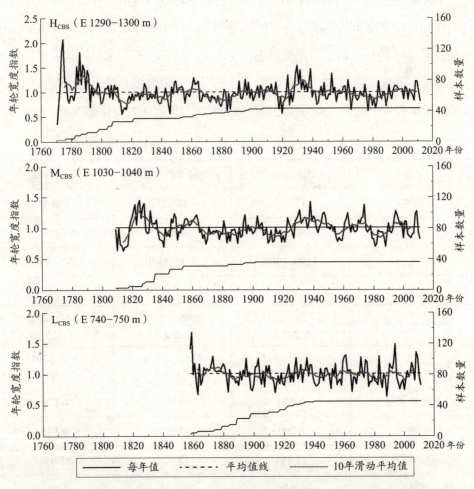

图 4-2　长白山自然保护区各采样点红松标准年表和样本量（灰实线为 10 年滑动平均值）

三个海拔红松梯度标准年表见图 4-2，高海拔样地红松年表序列最长，低海拔样地红松序列最短。三个年表的年际波动情况有一定差异，但各年表的 10 年滑动平均曲线比较同步，在 20 世纪，三个海拔样地的红松径向生长均呈现了 3 个先下降又上升的波动，在 20 世纪 30 年代末期达到生长最快速时期，21 世纪初期又都呈上升趋势。

4.4.2 年表特征分析

表 4-4 显示，三个海拔高度的红松年表的平均敏感度都比较低，都低于 0.2，说明红松年轮宽度生长的年际变异性不是很大。样本总体代表性都大于 0.92，远远超过了 0.85 的标准值。平均敏感度、标准差、信噪比和样本总体代表性这四个指标都是高海拔的值最高，中海拔次之，低海拔的值最低，说明三个海拔中高海拔的红松年表质量最优，高海拔红松径向生长对气候因子的变化最敏感。

表 4-4　长白山自然保护区不同海拔样点红松年表特征及公共区间分析

样地	高海拔 C_H	中海拔 C_M	低海拔 C_L
经度	128.1°	128.2°	128.1°
纬度	42.1°	42.2°	42.4°
海拔（m）	1290~1300	1030~1040	740~750
样本量 / 株	43	35	44
序列长度（年）	1770—2011（241）	1809—2011（202）	1847—2011（165）
共同区间（年）	1912—2011（100）	1912—2011（100）	1912—2011（100）
平均敏感度	0.179	0.178	0.170
标准差	0.209	0.193	0.172
信噪比	26.584	13.922	11.978
样本总体代表性	0.964	0.933	0.923
树间相关系数	0.379	0.280	0.295

4.4.3　与逐月气候因子的关系

图 4-3 显示，长白山自然保护区不同海拔高度红松径向生长对当地的气候因子响应存在差异。高海拔地区红松径向生长主要对气温因子更敏感，中海拔地区红松主要受上一年水分因子影响较大，而低海拔地区红松则对水分因子更敏感。

具体表现如下：高海拔地区（1 290~1 300 m），红松径向生长与当年 3~4 月和 9 月的月均气温显著或极显著正相关；与当年 3~4 月的月均最高气温显著正相关，与上一年 9 月、当年 3~4 月、7 月和 9 月的月均最低气温显著正相关；与当年 6~7 月的 PDSI 显著正相关；与上一年 6~7 月、当年 4 月的平均相对湿度显著或极显著负相关。

中海拔地区（1 030~1 040 m），红松径向生长与上一年 4 月的降水量和相对湿度分别呈显著和极显著负相关，与上一年 4 月的月均气温显著正相关；与上一年 5 月的降水量和相对湿度呈显著或极显著正相关，与上一年 9 月 PDSI 和当年 10 月的降水量呈显著正相关。

低海拔地区(740~750 m)，红松径向生长与上一年 7 月的降水量显著负相关，与当年 6 月的降水量显著正相关；与当年 4 月和 9 月月均气温显著正相关；与当年 6 月的月均最高气温显著负相关；与当年 4 月的相对湿度呈显著负相关，而与 6 月的相对湿度显著正相关；与当年 6~7 月和 9~10 月 PDSI 呈显著或极显著正相关。

4.4.4　与季节气候因子的关系

红松径向生长与季节气候因子的相关关系更为清晰明了。从图 4-4 可以看出，高海拔地区红松对很多季节的气温因子很敏感，尤其是对生长季早期的气温因子以及很多季节的最低气温非常敏感；中海拔地区主要对生长季末期的降水敏感；低海拔地区主要对生长季的水分因子和最高气温敏感。具体表现如下：高海拔地区：红松径向生长对当年生长季早期的气温因子最敏感，与生长季早期的季平均气温、平均最高和最低气温呈显著或极显著正相关；与当年生长季和上一年生长季末期的季均最低气温显著正相关；与上一年相对湿度呈显著负相关。中海拔地区，红松径向生长与生长季末期的降水量显著正相关。低海拔地区，与当年生长季的降水和

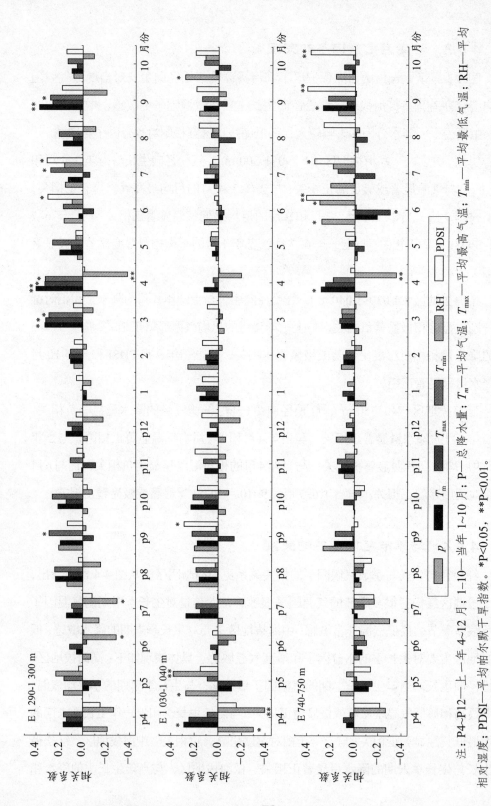

注：P4~P12—上一年 4~12 月；1~10—当年 1~10 月；P—总降水量；T_m—平均气温；T_{max}—平均最高气温；T_{min}—平均最低气温；RH—平均相对湿度；PDSI—平均帕尔默干旱指数。*P<0.05，**P<0.01。

图 4-3　红松年轮宽度与月份气候资料的相关系数

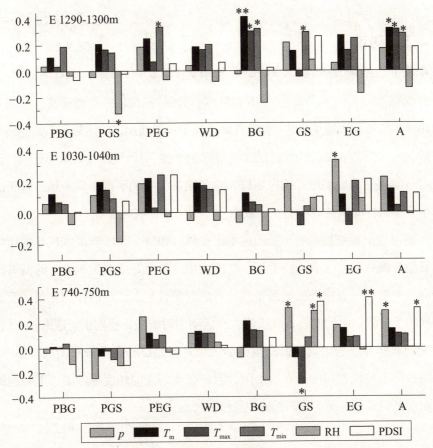

注：WD—冬季；BG—生长季早期；GS—生长季；EG—生长季末期；PBG—上一年生长季早期；PGS—上一年生长季；PEG—上一年生长季末期；A—从上一年 11 月至当年 10 月。

图 4-4　红松年表与季节变量的相关关系

相对湿度以及生长季和生长季末期的 PDSI 显著正相关，与生长季平均最高气温显著负相关。

红松径向生长与全年气候因子的关系更是简单明了，反应出对红松径向生长影响最显著的气候因子。通过图 4-4 可知，长白山自然保护区高海拔地区红松与全年的年平均气温、年均最高气温和年均最低气温显著正相关；而低海拔地区红松主要与全年的降水量和 PDSI 显著正相关；中海拔地区没有达到显著的气候因子，虽然与全年的降水量相关值比较大，但未达显著水平。

4.5　讨论

4.5.1　不同海拔高度红松径向生长情况

红松宽度年表的平均敏感度和信噪比随着海拔高度的升高而升高，树间相关系数和样本总体代表性（EPS）也随着海拔的上升而增加，此结果与陈列的研究结果一致 [126]，这表明高海拔地区红松的年轮宽窄变化中承载的气候信号更强，红松生长对气候因子的敏感度和响应更好，这与很多学者的研究结果一致，处于高海拔林木分布边界的树种对环境尤为敏感 [15,205-207]。

不同海拔高度红松径向生长的速率不一样。1958—2011 年期间红松的年均径向生长值在海拔梯度上有一些差异，高海拔地区最低，中海拔次之，而低海拔地区最高。主要是低海拔地区气温较高，水热同步，利于红松的径向生长。而高海拔样地由于受到低温的制约，红松的生理活动相对缓慢，径向生长速率相对较低。由于受到取样环境的限制，低海拔样地区域并不是红松在此分布的海拔最下限，而高海拔样地使红松集中分布的上限，因子在本研究的纬度梯度中，上限制约的现象表现必须显著，而下限制约的现象没有反应出来。

4.5.2　不同海拔高度红松径向生长对气候因子的响应

长白山自然保护区三个不同海拔高度红松径向生长对气候因子的响应关系存在一定的差异，主要表现在如下方面：低海拔区域红松的径向生长主要对生长季水分和高温比较敏感，而高海拔地区红松径向生长对温度响应更敏感，这与 YU 等 [41,123]、高露双 [38] 和李广起 [175] 的研究结果相同，也与很多学者 [205,209-210] 关于高海拔林线植物对气候的响应一致。

在低海拔地区（海拔 740~750 m），红松的径向生长主要受水分因子和最高温度的影响，尤其是生长季的水分因子影响较大，呈显著正相关。6 月是此区域红松径向生长非常快速的时期，此时气温非常高，月均最高气温达 22.8℃，光合效率非常大，植物的蒸腾作用和土壤的蒸发作用都非常高。而 6 月的降水量只有109.2 mm，相对于快速生长期的水分需求量而言还不是特别充足，此时的高温往往容易造成土壤干旱。低海拔地区土壤大多比较松软，保持水分能力较低[211]，这也进一步加剧了红松面临水分压力。因此长白山低海拔地区红松径向生长与 6 月的最高气温呈显著负相关，与 6 月的降水量、PDSI 和平均相对湿度呈显著正相关。Yu 等[123]的研究结果和 Wang 等[125]的研究结果都证明长白山北坡低海拔区域红松的径向生长与 6 月的降水呈显著相关。9~10 月是本地区红松生长的末期，虽然此时温度较低，蒸发和蒸腾作用耗水较少，但此时月降水量也很少，不利于红松晚材的生长，因此本区域红松年轮宽度与 9~10 月的 PDSI 呈极显著正相关。4 月是红松径向生长早期，此时的温度越高越有利于积雪融化，促进红松根系活动和地上部分的萌动，有利于红松打破休眠期并及早进入生长季，因此此时温度越高越有利于当年红松的径向生长。如果本月降水量过多，相对湿度过大，则会使太阳辐射减少，导致气温下降，从而推后树木进入生长季的时间，影响径向生长。因此红松径向生长与 4 月的平均气温呈显著正相关，与 4 月月均相对湿度呈显著负相关，与 4 月降水量呈负相关，但未达显著水平。

中海拔地区（海拔 1 030~1 040 m），红松径向生长与上一年的气候因子的相关性比较强，与上一年生长季早期的降水、相对湿度和平均温度相关性比较显著，同时和当年生长季末期的降水比较显著。4 月和 5 月属于生长季早期，长白山自然保护区中海拔区域 4 月气温较低，月平均温度为 2.3℃，而 5 月的气温较高，月平均温度为 9.2℃。一般 5 月份红松开始进行生长，而 4 月份是红松生长的前期准备阶段。4 月的气温越高，越有利于土壤中土壤生物的活动，越有利于积雪的融化，越有利于红松提前萌动。温度对树木的径向生长有时具有一定"滞后作用"[28]，上一年 4 月的温度偏高使上一年的生长时间延长，积累更多的有机物质，有利于下一年的径向生长。但如果 4 月降水量过大，平均相对湿度过高，直接会影响到太阳辐射时间和温度，则不利于红松的径向生长。因此此区域红松径向生长与上一年 4 月的的月均气温呈显著正相关，与上一年 4 月的降水量和平均相对湿度呈显著负相关。5 月份虽然也属于生长季早期，但红松一般 5 月份已经开始进行生长，此时温度较高，蒸发、蒸腾和红松生长需要消耗较多水分，而此时的月降水量只有 72 mm，相对不太充足，因此 5 月降水量越多，湿度越大，也有利于红松径向生长。9 月和 10 月是本区域红松径向生长末期，10 月的降水量只有 32.9 mm，如果此时温度适宜，水分比较充足，有利于红松的晚材形成，因此此区域红松径向生长与 10 月的降水量呈显著正相关，与上一年 9 月的 PDSI 呈显著正相关。

随着海拔高度的增加，温度对红松径向生长的影响作用逐渐凸显。高海拔地区（海拔 1 290~1 300 m），红松径向生长与温度的相关性非常明显，尤其是 3 月和 4 月的气温显著影响着红松的径向生长。3 月的月均气温还低于 0℃，属于冬季的末期，但是月均最高气温接近于 0℃。3 月的高温能促进高山的积雪提前融化，增加了土壤水分，同时有利于红松地下部分和地上部分提前萌动，有利于红松当年形成宽轮。4 月份的月均气温大于 0℃，4 月份的气温迅速回升能促进土壤动物和菌类的活动 [212]，促进土壤中根系的水分与营养物质的交换以及植物地上部分的活动，有利于延长生长季 [213]，促进红松径向生长。因此，长白山自然保护区高海拔地区红松径向生长与 3 月和 4 月的月平均气温、月平均最低和最高气温显著正相关，而 4 月的相对湿度过高则不利于红松的径向生长。9 月份是红松径向生长末期，月均最低气温和平均气温都比较低，9 月份较高的气温有利于增加光合作用有效酶的活性 [214]，提供光合作用效率，积累更多的营养物质，延长生长季，有利于形成较宽的晚材，而形成宽轮。6 月和 7 月是红松径向生长最快速的时期，此时光合作用旺盛，需要土壤提供大量的水分，而此时温度最高，土壤蒸发大，土壤湿度直接影响着红松的径向生长，因此红松径向生长与 6 月和 7 月的 PDSI 呈显著正相关。

4.6 本章小结

本章探索了海拔梯度对于红松径向生长与气候因子关系的影响。对长白山自然保护区原始阔叶红松林分布区三个海拔梯度样地红松的径向生长的模式及其对于气候因子的响应进行了系统分析，结果发现，随着海拔的升高，红松径向生长速率逐渐降低，年均年轮宽度越来越小。高海拔红松径向生长对气候因子的变化最敏感。三个海拔高度红松在 20 世纪 30 年代末期都达到生长最快速时期。

长白山自然保护区三个不同海拔高度红松径向生长对当地的气候因子响应情况存在差异。高海拔地区红松径向生长对气温因子响应更敏感，中海拔地区红松主要受上一年水分因子影响较大，而低海拔地区红松则对水分因子更敏感。

与月气候因子的响应表现为：高海拔地区（海拔 1 290~1 300 m）红松径向生长与当年 3~4 月和 9 月的月均气温显著或极显著正相关；与当年 3~4 月的月均最高气温显著正相关，与上一年 9 月、当年 3~4 月、7 月和 9 月的月均最低气温显著正相关；与当年 6~7 月的 PDSI 显著正相关；与上一年 6~7 月、当年 4 月的平均相对湿度显著或极显著负相关。

中海拔地区（海拔 1 030~1 040 m）红松径向生长与上一年 4 月的降水量和相对湿度呈显著和极显著负相关，与上一年 4 月的月均气温显著正相关；与上一年 5 月的降水量和相对湿度呈显著或极显著正相关，与上一年 9 月 PDSI 和当年 10 月的降水量呈显著正相关。

低海拔地区（海拔 740~750 m）红松径向生长与上一年 7 月的降水量显著负相关，与当年 6 月的降水量显著正相关；与当年 4 月和 9 月月均气温显著正相关；与当年 6 月的月均最高气温显著负相关；与当年 4 月的相对湿度显著负相关，而与 6 月的相对湿度显著正相关；与当年 6~7 月和 9~10 月 PDSI 呈显著或极显著正相关。

与季节气候因子的关系体现为：高海拔地区红松对很多季节的气温因子很敏感，尤其对最低气温非常敏感；中海拔地区主要对生长季末期的降水敏感；低海拔地区主要对生长季的水分因子和最高气温敏感。

第5章 红松及其变型粗皮红松
对气候因子的响应

5.1 引言

树木的径向生长不仅受自身遗传因素的影响,而且受外界环境条件的制约[28-29]。去除生长趋势和其他非气候因素的影响后,树轮宽度年表可保留非常强的气候信号[31,72],因此可利用树轮宽度年表与气候因子的相关性来揭示影响树木径向生长的关键气候因子[29]。

阔叶红松林是中国东北地区非常重要的地带性顶极植被群落,其动态变化关系到东北地区植被群落的发展、稳定。随着全球(气候)变化的加剧,阔叶红松林对气候变化的响应是很多学者关注的重点[25,175,208,215-217]。红松作为阔叶红松林的建群种,其对气候的响应直接影响群落的响应和变化动态。很多学者对长白山等地红松对气候的响应进行了研究[53,164,175,179,180,218]。凉水国家自然保护区保存着中国目前较大的原始红松林,该地区是红松的现代分布中心[219]。作为典型红松分布地区,凉水自然保护区红松径向生长对气候响应的研究很少,只有及莹[48]进行过报道,但其只分析了1956—1998年的温度和降水因子与红松宽度年表的响应,只有43年的时间长度,该结果与更长时间段(1902—2009年)红松径向生长对气候因子的响应规律是否一致还不清楚。20世纪50年代开始,有人根据红松树皮开裂的程度和树皮厚度不同将红松分为粗皮红松(*Pinus koraiensis f. pachidermis*)和细皮红松（*Pinus koraiensis f. leptodermis*）2 个变型 [220-221]，粗皮红松是普通细皮红松（原变种）的变型，在小兴安岭、长白山等地区都有这两种类型的红松分布。后来有学者通过调查发现，红松树皮形态是连续渐变的 [222,223]。由于界限不易掌握，为避免混杂，本研究只选取普通红松（典型的细皮红松）（原变种）和典型的粗皮红松（变种）两种类型进行研究。为了方便叙述和比较，本章将普通的红松（原变种）称为细皮红松。粗皮红松和细皮红松不仅在树皮的形态和厚度上显著不同，它们的生长、发育、干形和树冠都有很大变异，二者的生长速度、结实量和种子品质、含油量方面也存在差异 [220,224]。部分学者研究了这两种皮型红松的形态生长特征 [222,225]、抗病虫害差异 [226] 和遗传特性等 [223]，但关于这两种皮型红松径向生长对气候的响应是否存在差异还未见报道。有研究指出，红松 [1] 和樟子松 [227] 对气候的响应会随着外界环境的变化而产生差异。在气候变化显著的时段内，本区域两种皮型红松对气候因子的响应是否能长期稳定需要深入分析。本研究运用相关函数及极值年分析等树木年轮气候学方法，以凉水自然保护区两种皮型红松的径向生长为研究对象，选取 1901—2009 年的气象资料，探讨粗皮和细皮两种皮型红松对气候响应的异同、长时间尺度中影响这两种红松径向生长的关键气候因子以及这种响应关系是否会随着气候变暖而发生变化，以期为预测全球气候变化背景下本地区阔叶红松林的群落动态变化趋势提供数据基础。

5.2　研究地区与研究方法

5.2.1　研究区概况

研究样地位于小兴安岭南坡达里带岭支脉东坡的凉水国家级自然保护区（47°7′39″~47°14′22″N，128°48′30″~128°55′50″E），其隶属于黑龙江省伊春市。此区域属大陆性季风气候，年平均气温 −0.3℃，≥ 0℃积温在 2 200~2 600℃，年均降水量 676 mm，6~8 月降雨占全年降水量的 60% 以上；年无霜期 100~120 天，年积雪期 130~150 天。月平均气候数据见图 5-1。该区域的地带性植被是以红松为主的温带针阔叶混交林，乔木以红松为建群种，混生有五角槭（*Acer mono*）、紫椴（*Tilia amurensis*）、花楷槭（*Acer ukurunduense*）、青楷槭（*Acer tegmentosum*）、枫桦（*Betula costata*）、水曲柳（*Fraxinus mandshurica*）等阔叶树种和臭冷杉（*Abies nephrolepis*）、红皮云杉（*Picea koraiensis*）等针叶树种；灌木主要有毛榛子（*Corylus mandshurica*）、东北山梅花（*Philadelphus schrenkii*）、刺五加（*Acanthopanax senticosus*）等；藤本植物主要为狗枣猕猴桃（*Actinidia kolomikta*）[157]。凉水自然保护区内保护着大面积原始红松林，是目前中国保存下来的最典型、最完整的北温带针阔叶混交林系统[157]。本区域的红松有常见的细皮红松（原变种）及其变种——粗皮红松。

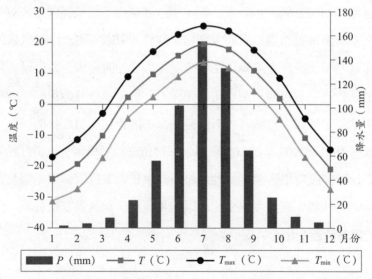

图 5-1　1901—2009 年研究区月平均气温（ T ）、月平均最高气温（ T_{max} ）、月平均最低气温（ T_{min} ）和月降水量（P）（来自格点气象数据）

5.2.2　研究方法

原始阔叶红松林样地地理坐标为 47°10′ 55″ N、128°53′ 41″ E，海拔 380～400 m，北坡。在样地内按照国际树木年轮数据库（International Tree-ring Data Bank，ITRDB）的标准分别采集 25 株达到于林冠层的生长正常的粗皮红松和细皮红松，两种皮型红松单株交错分布，生态环境因子一致。具体采样、预处理、年轮宽度测定、交叉定年与校正的方法见第 2 章。最终保留 40 根细皮红松和 30 根粗皮红松样芯进行分析，粗皮红松腐心较多。运用计算机程序 ARSTAN[172] 对序列宽度进行标准化并建立年轮宽度指数年表。为了剔除由于年龄等非气候因素造成的影响，本研究主要用 ARSTAN 程序中的 Friedman variable span smoother 方法去除生长趋势和非气候因素，并对去趋势的序列以双重平均法合成标准年表（STD），对标准年表的去生长趋势序列进行 1867—2012 年的共同区间分析。

5.2.3 气候因子与树木径向生长的相关性分析

本研究所用的温度（1901—2009 年）和降水数据（1901—2009 年）来源于 CRU TS3.10 0.5°×0.5° 的格点数据（47.0° ~ 47.5° N、128.5° ~ 129.0° E），帕尔默干旱指数（PDSI）（1903—2005 年）来源于 2.5°×2.5° 的格点数据（46.25° ~ 48.75° N、128.75° ~ 131.25° E）。所有格点气象数据都来自于荷兰皇家气象研究所的数据共享网站（http://climexp.knmi.nl）。PDSI 是干湿变化的指数之一，它综合了降水和蒸发的影响，是水分亏缺量与持续时间的函数，能反映干旱期开始、结束和严重程度，其比降水量更能解释树木在生长期的水分供应平衡[176]。

为了检验格点气象数据的有效性，将其与采样点位于同一气候区并且距离采样点最近的凉水气象站（47°11′08″ N、128°53′06″ E，海拔 353 m）和较近的伊春气象站（47°26′24″ N、128°33′ E，海拔 240.9 m）的气象数据进行比较。凉水气象站的数据来自于凉水自然保护区气象站，记录年份较短（1974—2012 年），并且缺失值较多。伊春气象站数据（1956—2012 年）来源于中国气象科学数据共享服务网（http://cdc.cma.gov.cn）。分析结果显示，格点气象数据与这两个站点气象数据在公共时段内具有极显著的一致性（r>0.8，P < 0.01），可以很好地反映该区域的气候情况。

气候资料包括月平均气温（T_m）、月平均最高气温（T_{max}）、月平均最低气温（T_{min}）、月降水量（P）和月 PDSI。考虑到上一年的气候因子可能对当年的径向生长有影响，本研究采用 SPSS 19.0 软件分析了上年 4 月到当年 10 月（共 19 个月）的月气象数据与红松径向生长的关系（温度和降水数据分析时间长度为 1902—2009 年，PDSI 分析时间长度为 1904—2005 年）。分析气候因子动态变化时发现，月平均气温以及月平均最低和最高气温从 1970 年开始明显升高，为了探讨在气候变化较快的时段，两种皮型红松径向生长对气候因子的响应是否稳定，本文将研究期间分为 1902—1969 年和 1970—2009 年两个时间段分别进行分析。相关性用 Pearson 相关系数[75]来衡量。显著性水平设定为 $\alpha=0.05$，极显著水平设定为 $\alpha=0.01$。

考虑到气候因子具有累计和长期影响效应，研究了每年季节气候因子与红松宽度年表的关系。根据月平均气温（T_m）和月平均最低气温（T_{min}），将年气候资料分为以下四个季节阶段[41]，冬季（WD，$T_m \leq 0℃$），包括上年 11、12 月和当年 1、2、3 月；生长季早期（BG，$T_m > 0℃$ 且 $T_{min} < 5℃$），包括当年 4、5 月；生长季（GS，$T_{min} \geq 5℃$），包括当年 6～8 月；生长季末期（EG，$T_m > 0℃$ 且 $T_{min} < 5℃$），包括当年 9、10 月；上一年生长季早期（PGB），包括上一年 4、5 月；上一年生长季（PGS），包括上一年 6～8 月；上一年生长季末期（PEG），包括上一年 9、10 月。

为进一步探讨年轮窄年和宽年的形成与气候因子的关系，本研究选取有气象数据年份内的极端窄年和宽年进行极值年分析，即对每年的气候要素求距平，然后检查与其相应年轮指数的变化[177]。

5.3 结果与分析

5.3.1 区域气候变化特点

1901—2009 年间，凉水自然保护区的气候不断向暖干化趋势发展，气温不断升高、降水微弱减少，PDSI 不断降低，且 1970 年前后的变化趋势差异明显。1970 年以来，年平均气温快速上升（$R^2 = 0.38$，$P<0.01$），升高趋势为 0.37℃·(10 a)$^{-1}$；1970—2009 年比 1901—1969 年的年平均气温均值增加了 0.80℃。年均最低气温增长的速率更明显，1970 年之前，年均最低气温增长的速率仅为 0.03℃·(10 a)$^{-1}$，而 1970—2009 年间，其增长的速率变为 0.45℃·(10 a)$^{-1}$（$R^2 = 0.43$，$P<0.01$），两个时段的年均最低气温差值为 1.0℃。1970 年之后，年均最高气温的增长速率也很明显，达到 0.30℃·(10 a)$^{-1}$（$R^2= 0.19$，$P<0.01$）。研究期间的年降水量变化不显著，1970—2009 年间呈现微弱递减趋势。气温和降水共同影响到 PDSI 值，造成 1970

年以来的年均 PDSI 值以 1.05•(10 a)$^{-1}$ 的速度下降（$R^2 = 0.23$，$P<0.01$），说明区域
内干旱不断严重（图 5-2）。

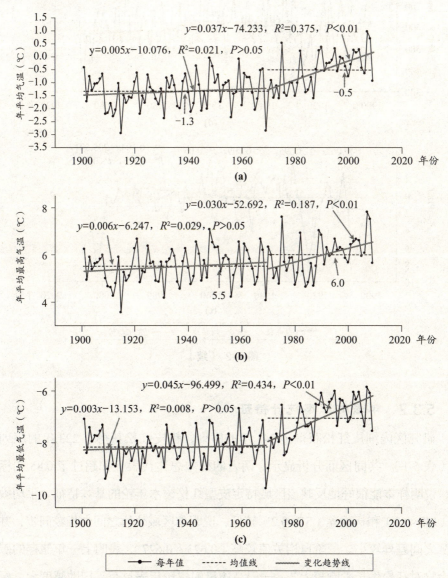

图 5-2　1901—2009 年的年平均气温（a）、年均最高气温（b）、年均最低气温（c）、
年降水量（d）和 1903—2005 年的年均 PDSI 值（e）

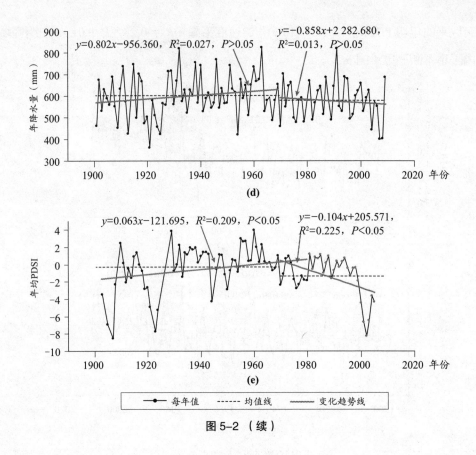

图 5-2 （续）

5.3.2　年表的基本统计特征

研究区内细皮红松获得了 241 年的序列，粗皮红松获得了 223 年的序列长度（表 5-1）。共同区间分析显示，两者的样本总体代表性都超过了 0.85 的标准值，说明样本能很好地反映该区域特定皮型红松树木年轮的基本特征。平均敏感度（MS<0.2）和标准差（SD<0.2）较低，说明本区域个体之间生长较同步，并且年际之间差异较小。一阶自相关值较高（0.623 ~ 0.627），表明上一年储存的碳水化合物对红松生长影响较大[1]。一般高质量的树轮年表具有平均敏感度大、标准差大、信噪比高等特点[46]，细皮红松年表的这些指标都优于粗皮红松年表，说明细皮红松更适合进行树木年代学分析。

5.3.3　径向生长的变化趋势

1901—2012 年间细皮红松和粗皮红松年表的变化规律极其相似（图 5-3），在 1901—1969 年间没有明显的上升或下降趋势，1970—2012 年的平均年轮指数略高于 1901—1969 年，但从 1970 年开始呈不显著地略微下降趋势。

5.3.4　径向生长与气候因子的相关关系

相关分析（图 5-4）表明，两种皮型红松对气候因子的响应无显著差异，温度、降水量和 PDSI 都显著影响它们的径向生长，其中，当年 6 月气候因子的作用最显著。

表 5-1　两种皮型红松树轮年表的统计特征及共同区间分析

年表特征值	细皮红松	粗皮红松
样本量 / 株	40/25	30/18
序列长度	1772—2012	1790—2012
共同区间	1867—2012	1867—2012
平均敏感度	0.165	0.158
标准差	0.180	0.170
信噪比	11.113	7.567
样本总体代表性	0.917	0.883
树间相关系数	0.294	0.335
一阶自相关	0.627	0.623
第一主成分所占方差量（%）	26.460	30.740

1902—2009 年，两种皮型的红松都与当年 6 月的月平均气温和月平均最高气温呈极显著负相关，与当年 6 月的总降水量呈极显著正相关，与当年 7 月的 PDSI 呈显著正相关，与上年 4 月的降水量和 5 月的月平均最高气温呈显著负相关。研究时段内，两种皮型的红松对气候因子响应唯一不同的是细皮红松对当年 9、10 月的 PDSI 还表现为显著正相关，而粗皮红松的相关系数虽然很高，但未达显著水平。

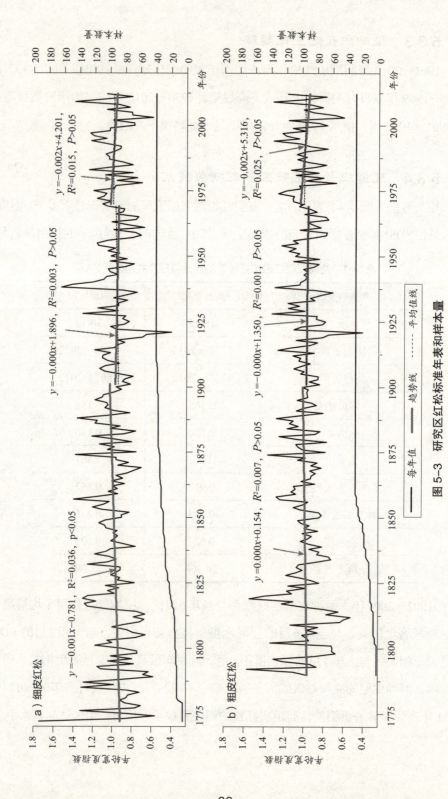

图 5-3 研究区红松标准年表和样本量

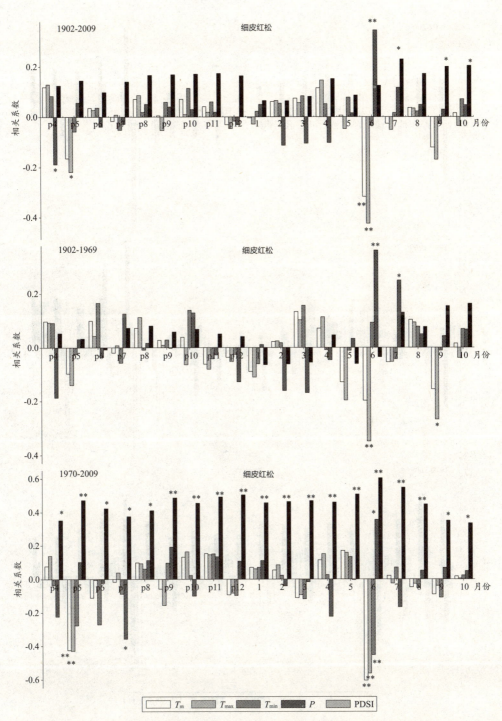

注：P4～P12—上年 4～12 月；1～10—当年 1～10 月。*P<0.05；**P<0.001。

图 5-4　两种皮型红松年轮宽度与月气候因子的相关系数

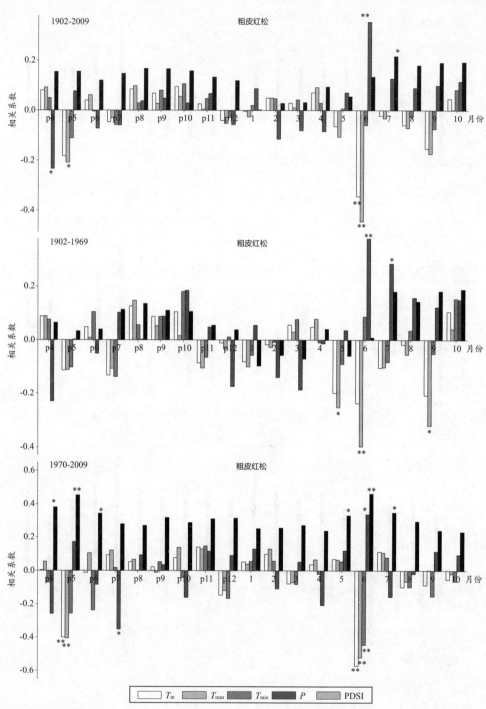

注：P4~P12—上年4~12月；1~10—当年1~10月。*P<0.05；**P<0.001。

图5-4（续）

1970 年之前和 1970 年之后，研究区红松径向生长对气候的响应差异明显，但两种皮型红松之间差异不显著（图 5-4）。1902—1969 年，与两种皮型红松径向生长显著相关的气候因子相对较少，与当年 6 月和 9 月的平均最高温度显著负相关，与 6、7 月的月降水量显著正相关。1970—2009 年，两种皮型红松都表现为对气候因子的敏感性明显增强，除与当年 6 月所有气候因子都显著相关外，还与上年 5 月的平均温度和平均最高温度、上年 7 月的月降水量显著负相关。1970 年后红松径向生长与 PDSI 的相关性更明显，细皮红松与每月的 PDSI 都显著相关，粗皮红松与上年 4～6 月及当年 5～7 月的 PDSI 显著正相关，其他月份的相关系数也比 1970 年前的值明显增高。

与月气候变量的关系相比，径向生长与季节气候变量的关系更清晰。从图 5-5 可知，1902—1969 年，两种皮型红松径向生长只与生长季的降水量呈显著正相关，粗皮红松还与当年生长季的平均最高温度呈显著负相关。1970—2009 年，两种皮型红松径向生长都与当年生长季的平均温度、平均最高温度呈显著负相关，与上年生长季早期和当年生长季 PDSI 显著正相关，细皮红松与每个季节的 PDSI 都呈显著正相关，粗皮红松与各季节 PDSI 的相关系数虽未达到显著水平，但也比 1902—1969 年的相关性高。1902—2009 年，两种皮型红松都与当年生长季平均最高温度显著负相关，与生长季的降水和 PDSI 及生长季末期的 PDSI 显著正相关。

5.3.5　径向生长极值年分析

从两种皮型红松 1902—2005 年间的宽度年表曲线（图 5-2）可以看出，两个皮型红松的年轮宽度指数都在 1921 年出现了极端最低值，1938 年出现了极端最高值。为了进一步探求年轮宽度出现窄轮和宽轮的原因，本研究对 1921 和 1938 年的气候因子进行极值年分析。影响两种皮型红松径向生长的主要气候因子是：当年 6 月的平均温度、上年 4 月和当年 6 月的降水量、上年 5 月以及当年 6 月和 9 月的平均最高温度、当年 7 月的 PDSI（图 5-4）。为此，分别选择 1921 和 1938 年的月平均气温、月平均最高气温、月降水量、月 PDSI 进行距平处理，对红松径向生长进行极值年分析。从图 6 可知，1921 年 6 月的平均温度、6 月、9 月和上年 5 月平

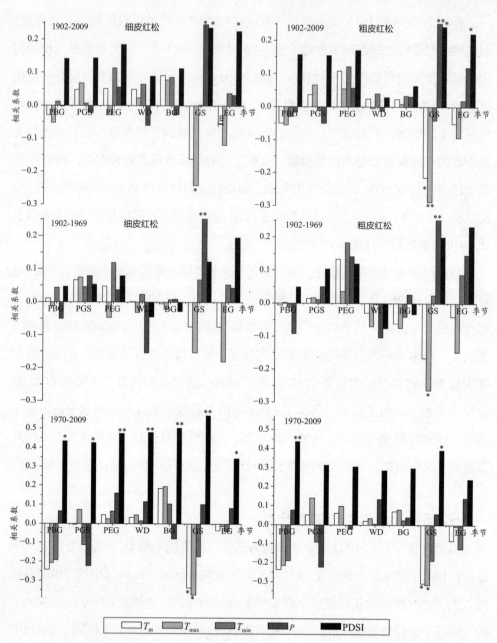

注：WD—冬季；BG：生长季早期；GS—生长季；EG—生长季末期；PBG—上年生长季
早期；PGS—上年生长季；PEG—上年生长季末期。

图 5-5 两种皮型红松年表与季节变量的相关关系

均最高气温都显著高于历史平均值，6月和7月的降水量、7月的PDSI显著低于历史平均值，6月平均最高气温比历史平均值高3.75℃，6月和7月的降水量仅为历史平均降水量的32.9%和48.4%。1920年4月至1921年10月（共19月），有17个月的PDSI低于历史平均值，且1921年7～10月的值特别低。因此可以推断，1921年由于高的月平均气温和月平均最高气温、低的降水量和PDSI，造成当年的窄轮。1938年9月的平均最高温度低于历史平均值，6～8月的降水量和所有月份的PDSI值都高于历史平均值，并且6月的平均温度和平均最高温度都接近历史平均值，所以形成宽轮。极值年分析结果从另一方面也说明了相关分析的可靠性。

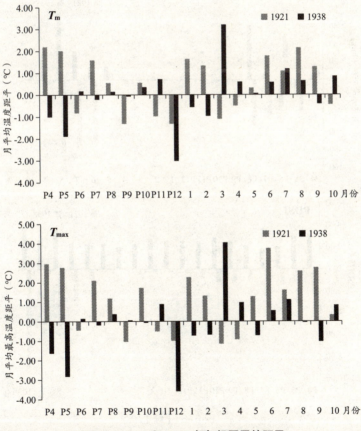

图5-6　1921和1938年气候因子的距平

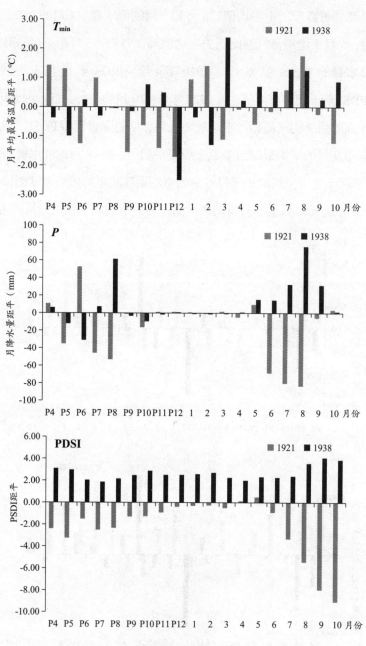

图 5-6（续）

5.4 讨论

5.4.1 用于树轮年代学分析的可行性

凉水自然保护区两种皮型红松年表特征值结果显示，红松的这两种变型都适合进行树轮年代学分析，红松的年表序列长、年轮清晰，对气候反应较敏感，是比较理想的进行树轮年代学分析的树种，这与很多学者的研究结果一致 [41,123,175]。细皮红松年表特征值优于粗皮红松，1970 年后细皮红松对气候因子的响应比粗皮红松更敏感，说明细皮红松更适合用于树轮年代学分析。

5.4.2 红松径向生长对气候因子的响应

研究区两种皮型红松径向生长与气候因子的相关关系显示，1902—2009 年间两者都与当年 6 月平均气温、平均最高温度呈显著负相关，与 6 月的降水量和7 月的 PDSI 显著正相关。经研究发现，该区域 6 月的平均温度（15.7℃）和平均最高温度（22.6℃）都很高。虽然 6～8 月降水量占全年降水量的 60% 以上，但期间的降水分布不均匀，6 月的降水量为 101.8 mm，只有 7 月的 65.6% 和 8 月的76.6%，6 月的降水量相对于红松生长需求量来说不是很充足，因此两种皮型红松径向生长都与 6 月的降水量呈显著正相关，降水越多，径向生长越好。另外，6 月的高温会加大土壤水分蒸发、降低土壤湿度，在降水量不是特别充足的 6 月，高温会直接限制红松径向生长，因此两种皮型红松径向生长与 6 月的平均温度、平均最高温度呈显著负相关。红松径向生长对 6 月气候因子的响应情况与及莹 [48] 对凉水红松和 Yu 等 [1] 对长白山低海拔红松的研究结果一致。7 月降水量虽然非常充足，但 7 月的温度为全年最高，高温很容易造成土壤干旱，因此红松径向生长与 7 月的 PDSI 呈正相关。及莹 [48] 研究结果显示，凉水地区红松与当年 2 月、4 月和 7 月的平均温度和 7 月的平均最低温度呈显著正相关，而本研究中两种皮型红松都没有发现这种显著性。这种差异可能与两者具体采样的坡度、海拔等小气候因子及年龄不同有关，也可能与采用的气象数据和气象数据时间长短不同有关。

5.4.3 红松径向生长对气候因子响应的稳定性

1970 年以后快速升高的月平均气温、月平均最高气温和月平均最低气温和变化不明显的月降水量，造成 PDSI 值急剧下降，使该区域逐渐朝向干－热化趋势发展，这与王绍武等[228]、周秀杰等[229]研究结果一致。两种皮型红松径向生长对气候因子的响应都表现出在 1970 年前后存在差异，体现出响应的不稳定性。1970 年后，气候的干热化趋势使两种皮型红松径向生长对很多月份的 PDSI 和当年 6 月的平均温度和平均最低温度的响应从不显著到显著。这个变化趋势与 Yu 等[1]关于长白山低海拔红松径向生长对 6 月气候响应随时间变化的研究结果一致。说明温度和干旱已成为近 40 年红松生长的限制因子，而造成干旱的根本原因是温度升高造成的水分缺失。红松是浅根性树种，对土壤湿度非常敏感，6 月是红松径向生长快速的时段，1970 年后温度的升高，尤其是月平均最低气温和月平均气温的急剧增高，加剧了植物的蒸腾和呼吸作用（月平均最低气温的升高加剧了夜间呼吸作用），需要消耗更多的光合作用物质和能量，同时高温引起的土壤蒸发速率增大，而 6 月的降水不是特别充足，造成土壤干旱加剧，因此 6 月的月最低温度和月平均气温在气候变暖后显著影响着两种皮型红松的径向生长。

5.4.4 气候变暖对红松径向生长的影响

很多模型模拟结果显示，在气候持续变化的情况下东北红松林可能有一个快速衰退的过程，红松的分布可能会改变。如延晓冬等[146]模型模拟结果显示，在 GFDL $2 \times CO_2$ 和 GISS $2 \times CO_2$ 气候变化情景下，小兴安岭五营地区的阔叶红松林将在模拟不到 80 年后就消失了，未来 100 年落叶阔叶树将取代目前小兴安岭的红松。程肖侠等[144,145]研究表明，气候增暖下（降水不变）小兴安岭和长白山地区以红松为主的针阔混交林生物量将下降，气候增暖越多，下降趋势越明显；小兴安岭森林垂直分布林线上移；如果降水增加，将减弱温度增加对该区域森林造成的影响。周丹卉等[152]对小兴安岭原始林的研究结果显示，在 CGCM2 情景下，红松生物量先上升后下降，红松针阔混交林将逐渐演替为以色木槭和蒙古栎占优势的阔叶混交林。一些学者对红松径向生长的研究结果也发现，不同地区红松在 1970 年后年轮宽度指数发生了较明显变化。如 Yu 等 [1] 研究发现，长白山低海拔红松从 1970 年后年轮宽度指数显著下降，而中高海拔显著上升。李广起等 [175] 发现，长白山高海拔红松年轮指数在 1980 年后显著上升；及莹 [48] 研究显示，牡丹江、黑河的红松宽度指数在 1970 年后呈显著下降趋势，而五营和凉水的变化不明显。本研究中两种皮型红松年轮宽度年表随时间变化比较平缓，虽然 1970 年后有轻微下降趋势，但不显著，这与及莹 [48] 对凉水红松的研究结果一致，与其他学者研究的长白山、黑河、牡丹江等地区红松年表变化趋势有差异，与程肖侠等 [208] 和延晓冬等 [146] 模型预测的快速衰退也有一定差异。凉水自然保护区是现代红松分布的中心区域 [219]，这个地区的气候环境应该最适合红松生长。两种皮型红松径向生长动态显示，迄今本区域的气候变化还在红松对各因子的生态幅范围内，未对其径向生长造成明显的扰动。赵娟等 [116] 采用空间替代法模拟温度升高和降水变化对凉水自然保护区的红松幼苗生长情况研究结果显示，在温度升高与降水增加（年平均气温增加 4.9℃，年降水增加 330 mm）情况下，1 年生红松幼苗基径变化不显著、种子萌发率增加 2.9 倍；但在降水减少（年平均气温增加 2.8℃，年降水减少 249 mm）的情况下，基径生长显著降低（P < 0.05），种子萌发率下降 64%。本研究对红松大树的研究结果与赵娟等 [116] 对红松幼苗的研究结果都显示，干热环境（气温升高降水不变或气温升高降水减少）不利于本区域红松径向生长。虽然近 40 年两种皮型红松年轮宽度下降趋势不明显，但如果将来温度持续升高、PDSI 继续下降，土壤干旱更加重，势必会超过红松的耐受范围，从而影响到红松的径向生长，加之种子萌发受到影响，可能会出现程肖侠等 [208] 和延晓冬等 [146] 模型中预测的情况，本区域红松将会发生衰退。但这个阈值具体是多少还需进一步研究。

虽然细皮红松对气候因子的响应比粗皮红松略微敏感，但方差分析结果表明，两者对气候因子的响应并无显著差异，这可能一方面与其遗传特性有关，冯富娟 [223] 对粗皮与细皮红松进行 ISSR 分析的结果表明两者在遗传上并无明显差异，另一方面也与两个变型的地理分布特点有关，以前有学者研究显示，长白山、小兴安岭地区的红松林内都有这两种皮型红松的存在，在不同林型、不同坡向、坡度的山坡以及分水岭附近和河岸旁，都可以看到两种类型同时出现 [220,222]，表明二者对环境因子的要求基本一致。本研究区的粗皮红松和细皮红松样木的生长环境完全一致，调查区域内两种皮型红松是分散交错单株混合生长在同一林分中，因此没有生长环境的差异，而植物对环境的适应与本身的遗传特性及地理分布密切相关[230-231]。由此可见，两种皮型的红松尽管在形态、生长发育、结实和抗病虫害等方面有一定差异[220-226]，但遗传上和生态特性上很高的一致性决定了其对气候响应的一致性。

5.5　本章小结

本章针对细皮红松（原变种）及其变种粗皮红松建立了两个年轮宽度年表，探索红松及其变种粗皮红松的径向生长的模式及其对于气候因子的响应。结果显示，凉水自然保护区内红松和其变种粗皮红松两者的生长变动情况很相似。两者径向生长对气候因子的响应无显著差异，温度、降水量和 PDSI 都显著影响它们的径向生长，其中，当年 6 月气候因子的作用最显著。两个皮型红松的年轮宽度指数都在 1921 年出现了极端最低值，1938 年出现了极端最高值。

1970 年之前和 1970 年之后，研究区红松径向生长对气候的响应差异明显，但两种皮型红松之间差异不显著。1970 年之后，两种皮型红松都表现为对气候因子的敏感性明显增强。

第6章 不同径级红松径向生长
对气候因子的响应

6.1 引言

气候因子通过作用于树木的生理过程而影响树木的生长，每年气候因子的差异会造成树木每年年轮宽度不一致；因此树木的年轮宽度的宽窄承载着很多的气候信息[29,72]。由于树木年轮对气候变化的记录具有逐年连续和时间确定等特点，己成为研究气候变化的重要资料[40]，利用树木年轮宽度变化研究树木对气候变化的响应是年轮生态学研究的一项重要内容[232]。在一般的年轮生态学研究中，为了减少种内和种间竞争的影响以及降低缺轮率，一般是选取胸径较大到达林冠层的大树[233-234]。一般认为，大径级树木年际间的年轮宽窄变化比小径级树木更明显，大径级树木具有更高的气候敏感度，更适合用来做树木年轮生态学研究[55]。树木年轮的宽窄不仅与气候变化相关，还与树木自身的生理过程相关。如随着年龄的增加，树木年轮宽度会呈现一定规律的变化[28]。在年轮生态学研究中，通常会通过一系列去趋势方法去除与生理因素相关的生长趋势，从而最大限度地保留气候信息[28]。一般认为在去除生理趋势后，建立的树木生长 - 气候模型与树木的年龄 / 大小是不相关的[77,127,235]。然而，一些生理学研究显示，树木的一些生理过程与年龄 / 大小有显著的关系。一些学者研究了年龄 / 大小对气候 - 树木生长模型的影响,结果各异。Fritts[72]、Kirpatrick 等[236]、Esper 等[237]、Colenutt 等[238]、Wilson 等[239]、Yu 等[240]、Parish 等[241] 分别对不同年龄的树木与气候的响应进行了研究，发现年龄对

气候 - 树木生长模型并无显著影响。而其他一些学者的研究结果显示年龄因素的影响确实存在。如 Szeicz 等 [54]、Ogle 等 [242]、Joana 等 [243]、Rozas 等 [56] 等分别对不同树木研究发现，随着年龄 / 径级的增加，树木对气候因子的敏感性下降；Carre 等 [244]、Linderholm 等 [245]、Ettl 等 [246]、王晓明等 [46] 对不同树木的研究显示，随着年龄 / 大小的增加，树木对气候因子的敏感性增加。姜庆彪等对不同径级油松的研究结果也显示随着大小的增加，树木对气候因子的敏感性下降 [248]。目前针对树木生长对气候的响应关系是否独立于年龄而呈时间稳定性的研究仍相对缺乏 [247]，且由于各研究间结论差异较大而无法取得明确的一致性 [55-56,237]。王晓明 [46] 和及莹 [48] 研究了年龄因素在红松生长与气候因子的响应的影响，结果也是不同。各异的结论无法使人明确年龄 / 径级因素在年轮气候学分析中的具体影响。针对这种状况，研究不同年龄 / 径级下树木生长与气候的关系的研究仍是当前树轮学研究中一个亟待解决的课题 [247]。了解气候变化对不同径级红松生长的影响是了解气候变化对阔叶红松林生态系统结构和生产力影响的基础。本章重点研究不同纬度梯度不同径级红松生长对气候因子的响应，为深入研究气候变化情景下红松生长动态提供理论依据。

6.2　研究方法

在中国原始阔叶红松林分布区从南到北 4 个以阔叶红松林为保护对象的国家级自然保护区内的原始阔叶红松林内设置四个纬度梯度样地，每个样地内包含不同径级的红松，样地基本情况见表 2-2 和表 3-1。2012 年 9 ～ 10 月，按照国际树轮库（ITRDB）的标准，分别在 4 个纬度梯度样地内选择两种径级的红松进行采样。大径级红松（Large-diameter tree, LD）指处于主林层，树高比周围红松高，胸径比周围红松大的红松，胸径均在 40 cm 以上；小径级红松（Small-diameter tree, SD）指处于次林层，受到周围大径级红松竞争的红松，胸径在 10 ～ 20 cm 范围内。每个样地大径级和小径级红松至少采样 20 株（40 个样芯）以上，将样芯样本带回实验室后进行处理。按照国际树轮库（ITRDB）的标准在四个纬度梯度样地进行采样、预处理、年轮宽度测定、交叉定年与校正，并生成 8 个年轮宽度年表。将四个纬度的年轮宽度年表与各自的月气候因子和季节气候因子进行相关分析，分析每个纬度影响红松年轮宽度的主要气候因子。具体操作方法见第 2 章。

6.3　结果分析

6.3.1　不同径级年表特征分析

从表 6-1 可以看出，四个样地红松的大径级标准年表长度在 100 年以上，而小径级红松年表长度在 100 年以下。大径级红松年表的公共区间为 100 年（白石砬子自然保护区由于大径级红松年轮序列较短，公共区间为 80 年），小径级红松年表的公共区间为 50 年。平均敏感度在 0.15～0.25 之间，凉水自然保护区小径级红松标准年表的平均敏感度大于大径级红松，而其他三个样地小径级红松标准年表的平均敏感度都小于大径级红松。小径级红松标准年表的信噪比比较低，为 3.989～7.225 之间，而大径级红松标准年表的信噪比比较高，为 8.99～13.05 之间。小径级红松标准年表的样本总体代表性也小于大径级红松，但两者都达到了 0.85 的可接受水平。树轮年表的标准差是反映树轮年表中气候信息含量多少的另一个统计参数，长白山低海拔区域红松年表的标准差比其他三个样地的略低一些。

表6-1　四个纬度梯度不同径级红松年表特征值

样地	胜山自然保护区		凉水自然保护区	
	SD	LD	SD	LD
经度（E）	126.8°		128.9°	
纬度（N）	49.4°		47.2°	
海拔（m）	560～590		390～410	
样本量	35	31	32	32
序列长度（年）	1941—2011（71）	1832—2011（180）	1917—2011（95）	1772—2011（240）
共同区间（年）	1962—2011（50）	1912—2011（100）	1962—2011（50）	1912—2011（100）
平均敏感度	0.153	0.165	0.215	0.182

样地	胜山自然保护区		凉水自然保护区	
	SD	LD	SD	LD
标准差	0.215	0.340	0.302	0.318
信噪比	7.225	8.988	4.76	13.051
样本总体代表性	0.878	0.900	0.856	0.929
树间相关系数	0.247	0.272	0.229	0.273

样地	长白山自然保护区		白石砬子自然保护区	
	SD	LD	SD	LD
经度（E）	128.1°		124.8°	
纬度（N）	42.4°		40.9°	
海拔（m）	740~750		790~820	
样本量	30	44	34	37
序列长度（年）	1915—2011（97）	1847—2011（165）	1934—2011（78）	1907—2011（105）
共同区间（年）	1962—2011（50）	1912—2011（100）	1962—2011（50）	1912—2011（80）
平均敏感度	0.163	0.17	0.165	0.182
标准差	0.219	0.172	0.373	0.281
信噪比	3.989	11.978	6.273	7.916
样本总体代表性	0.85	0.923	0.862	0.888
树间相关系数	0.202	0.295	0.232	0.332

注：SD—小径级红松；LD—大径级红松。

6.3.2 不同径级年表变化趋势分析

图6-1显示，胜山自然保护区小径级红松和大径级红松年表在1950—2011年之间的变化趋势很相似，1950—1969年之间两者都呈显著下降的趋势，而1970—2011年之间两者都呈显著上升的趋势。但在更小一些时间尺度上，两者的变化趋势存在一定的差异。在1987—2007年的这20年内，大径级红松的径向生长速率

经历了一次急剧升高再急剧下降的变化趋势，而小径级红松在这 20 年的径向生长速率在一次急剧升高后一直则维持在相对平缓的的高生长速率期。

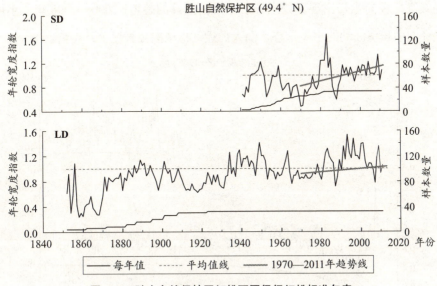

图 6-1　胜山自然保护区红松不同径级红松标准年表

图 6-2 显示，凉水自然保护区不同径级红松径向生长速率在 1938—2011 年间变化趋势相似，在 1970—2011 的近 40 年，两个径级红松径向生长速率都呈现不显著下降趋势。从更小时间尺度分析，两者都在 1939—1949 年、1975—1978 年、1983—1987 年和 2009—2011 年期间径向生长速率出现了显著下降，而在 1958—1968 年、1978—1983 年、2003—2009 年期间径向生长速率出现了显著上升，在 1987—2003 年期间出现了一个先上升后下降的变化趋势。但是两者的变化趋势也存在一定差异。如 1968—1975 年间，小径级红松径向生长呈显著下降趋势，而大径级红松呈不显著上升趋势。

图 6-3 显示，长白山自然保护区低海拔区域，不同径级红松径向生长速率在 1938 － 2011 年间变化趋势相似。两者都在 1938—1961 年、1984—1994 年期间出现了显著上升趋势，在 1961—1968 年、1994—2000 年期间出现了显著下降趋势。大径级和小径级红松径向生长变化趋势也存在一定的细微差异。在 1970—2011 的近 40 年，两个径级红松径向生长速率都呈现不显著变化趋势，但变化趋势有一定

差异。小径级红松径向生长为不显著下降，而大径级红松径向生长呈不显著上升趋势。另外，在1969—1983年之间，小径级红松径向生长呈波动的平衡状态，而大径级红松径向生长出现了先上升后下降再上升的趋势；2000—2008年，小径级红松径向生长呈波动的平衡状态，而大径级红松径向生长呈上升趋势。

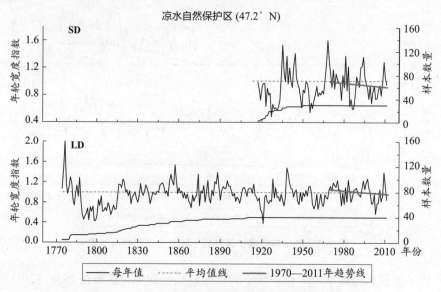

图6-2　凉水自然保护区红松不同径级红松标准年表

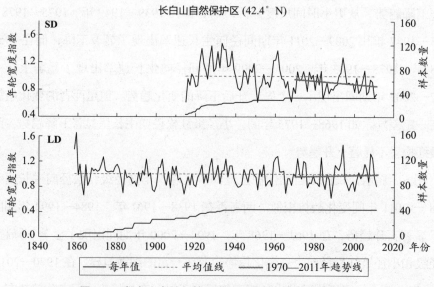

图6-3　长白山自然保护区红松不同径级红松标准年表

图 6-4 显示，白石砬子自然保护区样地不同径级红松径向生长速率在 1941—2011 年间变化趋势相似。两者都在 1941—1957 年、1968—2011 年期间出现了显著下降趋势，在 1957—1963 年期间出现了显著上升趋势，在 1963—1968 年期间出现先降后升的变化趋势。

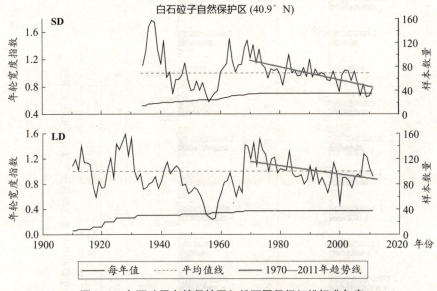

图 6-4　白石砬子自然保护区红松不同径级红松标准年表

此区域大径级和小径级红松径向生长变化趋势也存在一定的细微差异。在 2000—2008 年期间，大径级红松径向生长呈显著上升趋势，而小径级红松径向生长为先升后降的趋势。

6.3.3　不同径级年表对气候因子的响应分析

6.3.3.1　胜山自然保护区

从图 6-5 可知，胜山自然保护区不同径级红松都对一年中大部分月份的气温因子非常敏感，大径级和小径级红松径向生长都与上一年 4 月至 5 月以及当年 7 月至 9 月的月均最低气温显著或极显著正相关，都与当年 6 月的月均最高气温显著负相关，都与上一年 4 月、7 月至 8 月、12 月以及当年 2 月至 5 月、8 月至 9 月的月均气温显著或极显著正相关。在季节时间尺度上的表现也是两者对季节气候

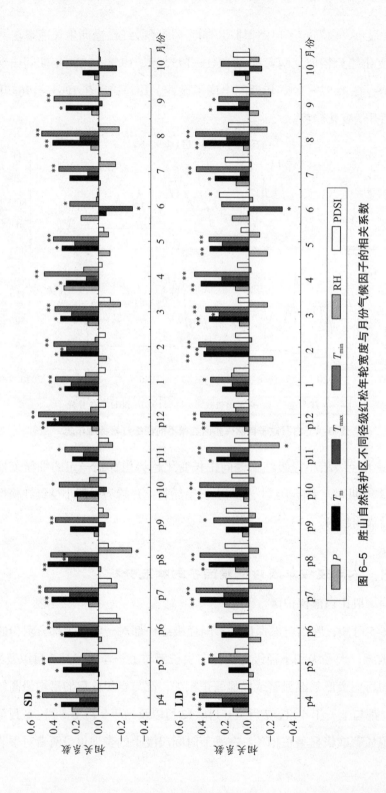

图 6-5　胜山自然保护区不同径级红松年轮宽度与月份气候因子的相关系数

因子的响应很相似（图 6-6），都与大部分季节的气温因子（季平均气温、季平均最高和最低气温）呈显著或极显著正相关，与季总降水量呈不显著正相关。具体表现为，两者都与所有季节的季均最低气温呈显著或极显著正相关，都与上一年生长季早期、上一年生长季、冬季和当前生长季早期和生长季末期的季均气温呈显著或极显著正相关，都与冬季的季均最高气温呈显著正相关。

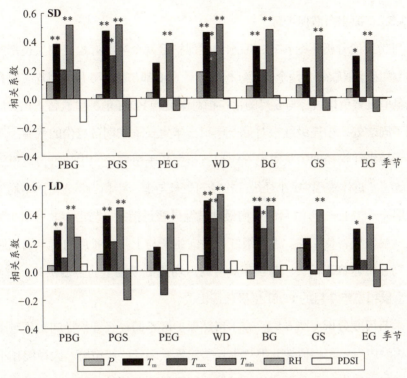

图 6-6　胜山自然保护区不同径级红松年轮宽度与季节气候因子的相关系数

但两者径向生长对气候因子的影响也存在一些差异。如小径级红松径向生长还与当年 4 月的降水量呈正相关，与上一年 5 月和 6 月的月均气温和当年 1 月的月均气温呈显著正相关，与上一年 12 月的月均最高气温呈显著正相关，与当年 6 月和 10 月的月均最低气温呈显著正相关，与去年 8 月的月均相对湿度呈显著负相关。而大径级红松径向生长与上一年 10 月至 11 月和当年 7 月的月均气温呈显著正相关，与当年 3 月月均最高气温呈显著正相关，与上一年 5 月和 11 月的月均相对湿度分别呈显著正相关和显著负相关。从季节尺度来说，小径级红松还与上一年生长季的季均最高气温呈显著正相关，而大径级红松与其的相关性虽然比较高，但未达显著水平。另外，大径级红松还与当年生长季早期的季均最高气温显著正相关，而小径级红松与其的相关性虽然比较高，但未达显著水平。另外，两者对PDSI 值的响应方面表现不同，小径级红松与各个季节的 PDSI 值呈负相关，而大径级红松与各个季节的 PDSI 值呈正相关，当两者的相关性都未达到显著水平。

6.3.3.2 凉水自然保护区

从月份尺度分析（图 6-7），凉水自然保护区两个径级红松径向生长都对当年6 月的气候因子很敏感，两个径级红松的年轮宽度都与当年 6 月的月均气温和月均最高气温呈显著负相关，与 6 月的平均相对湿度和 PDSI 值都呈显著正相关。两者也存在不同之处，小径级红松对上一年和当年生长季末期各月份的气温因子更敏感，而大径级红松径向生长对上一年和当年生长季早期的和生长季各月份的气候因子更敏感。具体表现为：小径级红松径向生长与上一年和当年 9 月的平均气温呈显著负相关，与上一年 10 月的月均最高气温显著正相关，与当年 8 月和 9 月的月均最低气温呈显著负相关。大径级红松径向生长与上一年 4 月的月平均气温和平均最高气温呈显著正相关，与当年 6 月的月均最低气温呈显著负相关，与当年 6月的降水量和当年 7 月的 PDSI 呈显著正相关。

从季节尺度分析（图 6-8），凉水自然保护区不同径级红松径向生长对季节气候因子的响应有一定相似性，都对生长季的气候因子比较敏感。大径级和小径级红松分别与当年生长季季平均气温呈显著和极显著负相关。都与生长季平均最高气温呈负相关，与生长季的平均相对湿度和 PDSI 值呈正相关，只是大径级红松的相关性达到显著水平，而小径级红松的相关性值虽然比较大但未达显著水平。

两者的不同之处在于，小径级红松径向生长对当年生长季的气温更敏感，而大径级红松除对生长季气温敏感外，还对生长季的干旱因子敏感。小径级红松与生长季的季平均最低气温呈显著正相关，而大径级红松的相关性值很小。大径级红松径向生长与生长季的平均相对湿度和 PDSI 值呈显著正相关，而小径级红松的相关性值未达显著性。

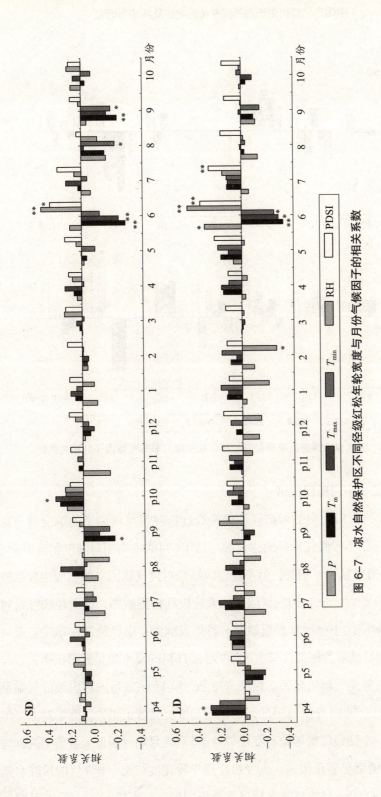

图6-7 凉水自然保护区不同径级红松年轮宽度与月份气候因子的相关系数

107

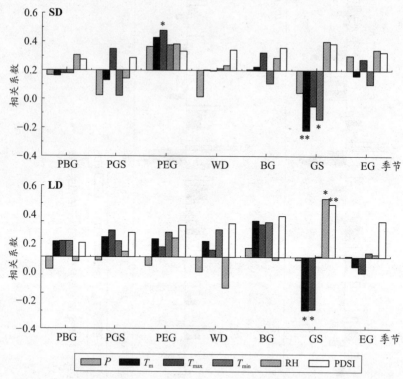

图 6-8　凉水自然保护区不同径级红松年轮宽度与季节气候因子的相关系数

6.3.3.3　长白山自然保护区

图6-9显示，长白山自然保护区不同径级红松对月气候因子的响应有一定相似，大径级红松和小径级红松径向生长都对当年6月的平均相对湿度和当年6月以及9月的 PDSI 值呈显著正相关。但不同径级红松对月气候因子的响应也存在较大差异，小径级红松对上一年的气候因子比大径级红松更敏感，而大径级红松对当年气候因子的响应比小径级红松更敏感。具体表现为：小径级红松年轮宽度与上一年4月降水量呈显著负相关，与上一年9月和11月的降水量呈显著正相关，与上一年7月的月均最高气温呈显著正相关，与上一年4月和5月的月均最低气温呈显著负相关，与上一年10月和11月的月均相对湿度呈显著正相关。除了对上一年气候因子敏感外，小径级红松年轮宽度还与当年5月的月均气温呈显著负相关，与当年8月的 PDSI 值呈显著正相关。大径级红松年轮宽度与上一年7月的月降水量呈显著负相关，与当年6月的月降水量呈显著正相关，与当年4月、9月的月均气温

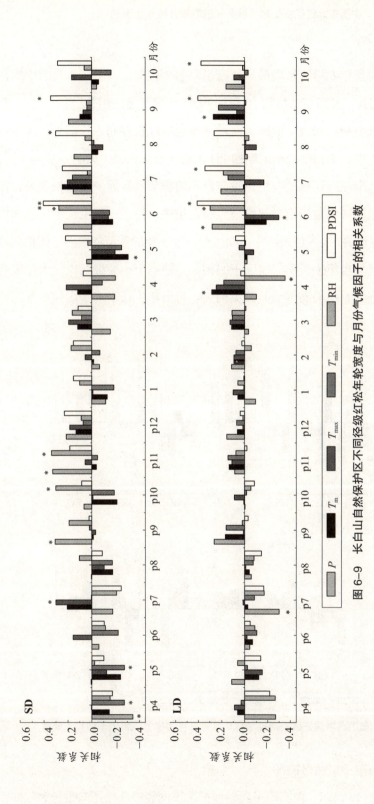

图 6-9　长白山自然保护区不同径级红松年轮宽度与月份气候因子的相关系数

109

呈显著正相关，与当年6月的月均最高气温呈显著负相关，与当年4月的平均相对湿度呈显著负相关，与当年7月和10月的PDSI值呈显著正相关。

从季节尺度来分析，长白山低海拔区域两种径级红松径向生长都与当年生长季的降水量、当年生长季和生长季末期的PDSI值显著正相关（见图6-10）。两种也存在些许差异，小径级红松径向生长除与当年的季节气候因子显著相关外，还与上一年生长季末期降水量和相对湿度呈显著正相关，与上一年生长季早期季均最低气温呈显著负相关；而大径级红松径向生长与上一年的季节气候因子的相关性都未达显著性，但与当年生长季气候因子的相关性要高于小径级红松，大径级红松还与当年生长季的季均最高气温显著负相关，与当年生长季的季均相对湿度显著正相关。

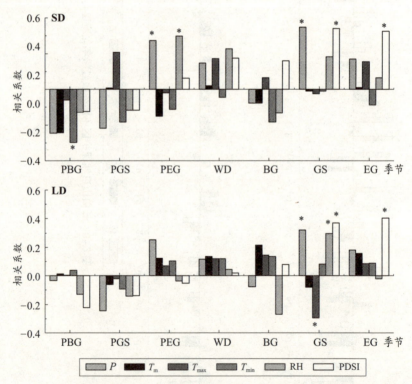

图6-10　长白山自然保护区不同径级红松年轮宽度与季节气候因子的相关系数

6.3.3.4　白石砬子自然保护区

图6-11和图6-12显示，白石砬子自然保护区不同径级红松径向生长对气候因

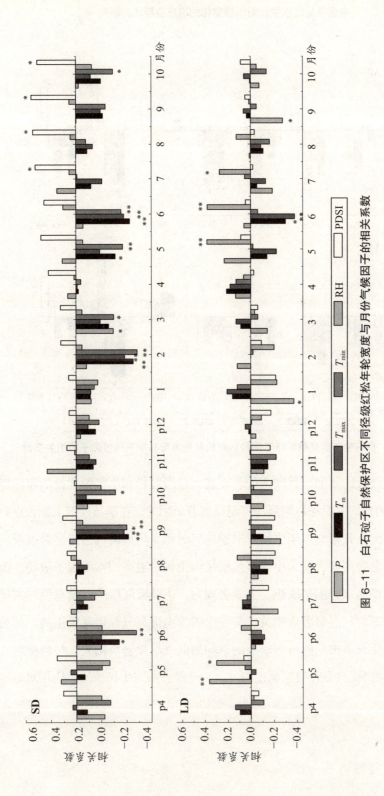

图 6-11 白石砬子自然保护区不同径级红松年轮宽度与月份气候因子的相关系数

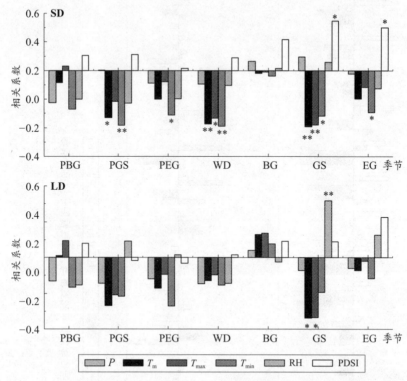

图6-12　白石砬子自然保护区不同径级红松年轮宽度与季节气候因子的相关系数

子的影响存在较大的不同。共同之处表现在大径级红松和小径级红松的年轮宽度都与当年6月的月均气温和月均最高气温呈显著负相关，在季节尺度上则表现为两种径级红松径向生长都与当年生长季的季均气温和季均最高气温呈显著或极显著负相关。不同之处主要表现为小径级红松径向生长对更多的气温因子敏感，而大径级红松对更多的水分因子敏感。主要表现为，小径级红松的年轮宽度与去年生长季和冬季的季均气温显著负相关，与冬季的季均最高气温相互负相关，与去年生长季至当年生长季末期的所有季节的季均最低气温显著负相关，与当年生长季和生长季末期的季均 PDSI 值显著正相关。大径级红松与生长季的季均相对湿度显著正相关。

6.4　讨论

6.4.1　径级因素对年表特征的影响

由表 6-1 可知，各年表的样本总体代表性均超过了 0.85，因此均能够较好地反映该地带特定径级组树木年轮的基本特征。信噪比是年表中包含的气候信息和噪声的相应比值，信噪比的大小反映了年表所承载的气候信息的多寡，一般来说，气候信息含量多的年表具有较大的信噪比。四个样地都是小径级红松年表的信噪比低于大径级红松年表，说明大径级红松年表可能包含更多的气候信息。这与王晓明 [46] 对长白山不同年龄红松的研究结果一致。

树间相关系数指同一采样点不同树木样本序列之间的平均相关系数 [48]，树间相关系数值越大说明年表中树木各样本间轮宽变化的一致性越强。四个样地的大径级红松标准年表的信噪比和树间相关系数都大于小径级红松。说明四个样地中，大径级红松包含的气候信息量更多，各样本之间的一致性更强，更适合进行年轮气候分析。

敏感度是一个无量纲指标，一个年表的敏感度值越大，反映此区域气候因子的限制作用就越强。较好的年轮敏感度在 0.15～2.0 之间。本研究的四个样点不同径级红松年表的平均敏感度在 0.153～0.215 之间。结果显示只有凉水自然保护区小径级红松标准年表的平均敏感度高于大径级红松，而其他三个样地小径级红松标准年表的平均敏感度都低于大径级红松。说明白石砬子自然保护区、长白山自然保护区和胜山自然保护区大径级红松对气候因子的响应比小径级红松更敏感，年表序列中各年轮轮宽度之间的年际变化更加明显，而凉水自然保护区则与之相反。此结果与姜庆彪对油松的研究结果 [235] 与及莹对红松的研究结果 [48] 一致，同一种树木，在不同区域，大径级 / 高龄与小径级 / 低龄树种的敏感度的大小有差异，可能一个地方大径级 / 高龄树种的敏感度高于小径级 / 低龄树种，而另一个地方大径级 / 高龄树种的敏感度又小于小径级 / 低龄树种。由此可知，如果仅根据一个样地树木的大径级 / 高龄与小径级 / 低龄树种的敏感度的大小就判断这种植物不同径级 / 不同年龄的敏感度的差异，有失偏颇，不是很全面。

研究表明，一个高质量的树轮年表一般具有平均敏感度大[249]，标准差大[250]，信噪比高[74]等特点，综合三个指标分析，四个样地都是大径级红松的标准年表要优于小径级年表，这与 Chhin 等[234]和 Carrer 等[244]的研究结果一致，也与及莹[48]对黑龙江红松的研究结果一致，都是大径级或大龄级树木对于气候响应更加的敏感。通过分析各项年表指标表明，大径级和小径级红松都适合进行年轮气候学分析，但是大径级红松年表可能包含更多的气象信息，更适合进行年轮气候响应分析。

6.4.2 不同径级红松径向生长与气候因子的关系

6.4.2.1 胜山自然保护区

胜山自然保护区地处原始红松在中国分布的最北方，也是全球红松分布的最西北区域。此区域气温很低，尤其是月最低气温和月平均气温非常低，降水量偏少。因此，较低的气温（尤其是最低气温和平均气温）是此区域红松径向生长的主要限制因子，两个径级红松径向生长都与所有季节和月份（当年6月份的月平均气温除外）的平均气温和最低气温呈明显的正相关，大部分月份和季节的相关性值都达显著水平。小径级红松径向生长对所有月份的月均最低气温显著正相关，而大径级红松与当年6月和10月的相关性未达显著水平，但相关性值也很高。说明此区域最低气温是不同径级红松形成层活动的关键气候因子，最低气温限制着树木木质部的管胞分裂与扩展[251]。生长季较低的气温与土壤温度会通过影响水分有效性限制形成层活性，进而不利于树木径向生长[252]。而平均最高气温与其他三个样地差别相对小一些，尤其是生长季（6~8月）的平均最高气温几乎与其他三个样地相同，在径向生长快速而降水较少的6月份，较高的月平均最高气温加速了植物的蒸腾作用和土壤的蒸发作用，而快速生长的红松需要消耗掉大量水分，此时的降水量和土壤中储存的水分往往无法满足旺盛的水分需求，因此6月的月均最高气温对两个径级红松的径向生长影响非常大，它们呈显著负相关。

两者对气候因子的响应也存在不同之处，如小径级红松径向生长对气温因子的敏感性比大径级红松更大一些。小径级红松径向生长对所有月份的月均最低气温显著正相关，而大径级红松对当年6月和10月的相关性则未达显著水平。说明在中国原始红松分布的最北方，红松径向生长期小径级红松对最低气温更敏感。

6.4.2.2　凉水自然保护区

凉水自然保护区地处中国原始红松分布的中心地带。此区域大径级和小径级红松径向生长都对当年 6 月的气候因子很敏感，都与当年 6 月的月均气温和月均最高气温显著负相关，与当年 6 月的月均相对湿度和 PDSI 值呈显著正相关，与当年 6 月的降水量呈正相关。说明 6 月份气候因子是本区域不同径级红松径向生长的关键气候因子。凉水自然保护区 6 月份气温比较高，是红松径向生长和高生长非常快速的时期，生长需要消耗大量的水分，加之高温造成植物蒸腾作用和地表蒸发作用非常强，而本月降水量只有 98.7 mm，相对于大量消耗的水分来说还是不太充足，因此 6 月的高温和干旱是本地区红松径向生长的限制因子。

除共同的响应外，大径级和小径级红松径向生长对气候因子的响应也存在一定的差异。小径级红松径向生长对生长季末期的气温因子（上一年 9 月和当年 9 月的月均气温、上一年 10 月的月均最高气温、当年 8 月和 9 月的月均最低气温）更敏感，而大径级红松径向生长对水分因子（当年 6 月的降水、当年 2 月的月均相对湿度和当年 7 月的 PDSI）和上一年生长季早期的气温因子（上一年 4 月的月均气温和月均最高气温）更敏感。9 月份温度降低，小径级红松生长速率变缓，此时夜间的最低气温越高，将增强红松的呼吸作用，消耗掉更多的有机物质，不利于有机物质的积累，不利于晚材的形成。Ryan 等 [253] 曾指出，随着树木年龄（径级）的增加，树木高度逐渐长至其最高值，树木体内水分的运输成为树木生长的一个关键限制因子；另外，树木体内缺水造成的水分胁迫能够导致叶片气孔过早关闭，影响树体与外界的气体交换，降低光合作用效率，从而降低树木径向生长。因此本区域大径级红松要比小径级红松对水分因子更敏感一些。

6.4.2.3　长白山自然保护区

长白山自然保护区不同径级红松径向生长都对当年生长季的降水量以及当年生长季和生长季末期的 PDSI 值非常敏感，此研究结果与 Yu 等 [1] 和高露双 [38] 等对本地区红松的研究结果一致，说明在长白山自然保护区低海拔区域，水分因子是限制红松自然分布的重要生态因子。

小径级红松与大径级红松径向生长对气候因子的响应也存在不同的地方，大径级红松径向生长对当年的气候因子更敏感，尤其是当年生长季的水分和高温因子尤其敏感，而小径级红松的生长更多地体现了上一年和当年气候因子的共同作用，说明气候因子对小径级红松的影响的滞后作用比对大径级红松更显著，这与王晓明对长白山红松的研究结果一致[46]。

6.4.2.4　白石砬子自然保护区

不同径级红松对气候的响应模式和响应程度均存在一定的相似之处和一定的差异。相同之处主要表现在两者都与当年和上一年生长季的很多气温因子显著负相关，而与水分因子的相关性比较弱。如都与上一年6月和9月的月均气温和月均最低气温显著负相关，与上一年9月的月均最高气温显著负相关，与当年5月和6月的月均气温显著负相关，两者只都与当年3月的月降水量显著正相关。说明生长季的气温因子（尤其是最高气温和平均气温）是限制本地区红松径向生长的关键气候因子。白石砬子自然保护区处于原始红松分布区的南端，生长季气温较高，降水量较丰富。但是降水量月份之间的分布不均匀。7月和8月的总降水量占全年降水量的54.1%，而5月、6月和9月三个月的总降水量占全年降水量的26.4%。在高温而相对少雨的5月、6月和9月，高温是抑制不同径级红松径向生长的最重要的生态因子。

此区域不同径级红松径向生长对气候因子的响应也存在一定差异。小径级红松的年轮生长主要与气温相关，冬季和当年生长季的气温影响最大，全部与小径级红松径向生长呈负相关；另外，最低气温对小径级红松径向生长的影响要大于大径级红松。上一年生长季到冬季以及当年生长季和生长季末期的季均最低气温都与小径级红松径向生长呈显著负相关。除此之外，高温造成的干旱是影响小径级红松径向生长的另一个原因，当年生长季和生长季末期的PDSI都与小径级红松径向生长显著正相关。与大径级红松径向生长显著相关的气候因子略少于小径级红松。当年生长季的季均气温和季均最高气温与大径级红松径向生长呈显著负相关，而当年生长季的季均相对湿度与其显著正相关，说明生长季的高温和干旱是大径级红松径向生长的主要限制因子。

6.4.2.5　不同径级径向生长对气候因子存在响应差异的机理

很多研究显示不同径级（树龄）年表对于气候因子的敏感性存在很大的差异性 [37,40,46,235]。引起不同径级红松对气候变化响应程度不同的原因目前还不太确定，还不能从机理上深入揭示两者响应的差异。部分学者认为遗传基因 [54] 和林分动态 [254] 等造成的树木生理机能的不同是造成不同径级（年龄）树木对气候因子响应差异的主要原因。本人更赞同受径级（年龄）影响的生理能力的不同 [30,40,254] 和不同径级（年龄）植物所处的小环境不同 [46] 是造成其响应差异的根本原因。首先，径级（年龄）大小不同，树木的生理过程、生长速度和生理机能不同，对生态因子的需求和耐受范围（生态幅）不同，势必会影响到其对气候因子的响应。其次，不同径级（年龄）植物，高度、根系长度、胸径、冠幅大小不同，所占有的小环境空间不同，不同小环境的微气候因子差异比较大，也会影响到不同径级（年龄）树木径向生长对气象站气候因子的响应。如胜山自然保护区小径级红松径向生长对当年 4 月的降水量呈显著正相关，而大径级红松与其也呈正相关，但相关性值还没开始分裂，红松还没有开始高生长和径向生长，但红松地上部分已经开始萌动，植物的蒸腾作用需要消耗一部分水分，但需水量不是特别大。小径级（幼龄）树木的代谢速度比较快，需要较多的水分；同时，小径级（幼龄）树木的水分输导能力也较大径级（老龄）树木强 [254]，也更容易受外界降水的影响。而大径级（老龄）树木由于其生理活动的减弱，在生长季早期，其对外界降水的依赖性也随之减小 [254]。大径级（老龄）树木因生长比较缓慢，体内已积累有一定的水分，可以一定程度满足生长季早期对水分的需求，因此其对当年 4 月的降水状况不是那么敏感 [37]。另一方面，小径级（幼龄）红松根系较浅，分布于土壤表层，而大径级（老龄）红松根系相对较深，分布于较深的土层。胜山自然保护区 4 月份降水量很少，月降水量只有 23.7 mm。此时红松萌动和蒸腾作用需要一定的水分。在降水量不足的 4 月份，大径级（老龄）红松可以通过较深的根系吸收融雪后储存在土壤深处的水分，而小径级（幼龄）红松由于根系较浅，更依赖于自然降水。因此小径级（幼龄）红松径向生长对当年 4 月份的降水要比大径级（老龄）红松更敏感。

由于不同径级的红松处于不同的微气候环境中，影响其生长发育的气候因子不一致。大径级红松处于群落的树冠层，受到更高的太阳辐射、更大的风速及低蒸汽压的气候因子影响；而小径级红松处于下木层，受到更大的冠层竞争和根系竞争以及较大的空气湿度的影响 [256]，这种微气候的差异使得大径级红松对于生长季干旱更加敏感 [248]。凉水自然保护区小径级红松径向生长主要对当年 6 月气温因子更敏感，而降水因子影响较弱；而大径级红松径向生长对当年 6 月的降水和气温因子都很敏感，受到气温和降水的共同作用。6 月是凉水自然保护区红松径向生长都非常快速的月份，植物的生理代谢过程非常快，需要消耗掉大量水分来满足红松的生长需求。大径级红松由于处于林冠层，树冠蒸腾作用非常旺盛，需要消耗大量水分；而小径级红松由于处于下木层，直接接受的阳光较少，且林内气温偏低，植物的蒸腾作用相对于大径级红松来说要弱很多，消耗掉的水分较少一些。Ryan 等 [253] 曾指出，随着树木年龄（径级）的增加，树木高度逐渐长至其最高值，树木体内水分的运输成为树木生长的一个关键限制因子；另外，树木体内缺水造成的水分胁迫能够导致叶片气孔过早关闭，影响树体与外界的气体交换，降低光合作用效率，从而降低树木径向生长。因此在径向生长快速的 6 月，大径级红松要比小径级红松对水分因子更敏感一些 [291]。

综上所述，大径级（高龄）红松和小径级（低龄）红松生理机制差异的复杂性和所处的微气候环境的差异造成了二者对气候因子的响应存在一定的差异。

6.5 本章小结

本章利用中国东北阔叶红松林分布区四个纬度梯度样地红松的年轮数据，探讨了不同径级红松年轮宽度标准年表及其与气候因子的响应关系，结果表明：四个纬度梯度样地中，只有凉水自然保护区小径级红松标准年表的平均敏感度高于大径级红松，而其他三个样地小径级红松标准年表的平均敏感度都低于大径级红松。

总的来说，从平均敏感度、标准差、信噪比三个指标分析，大径级红松年表可能包含更多的气象信息，更适合进行年轮气候响应分析。

四个纬度梯度样地内大径级红松和小径级红松年表在公共区间内较长时间尺度的变化趋势很接近，但在较小时间尺度的变化趋势存在一定差异。

四个纬度梯度样地内大径级红松和小径级红松对当地气候因子的响应有很多共同的地方，也存在一定差异。小径级红松对上一年气候因子更敏感，大径级红松对当年的气候因子更敏感，尤其是当年生长季的气候因子对其影响较大。

第7章　不同纬度不同海拔红松体积生长量和断面积生长量对气候因子的响应

7.1 引言

近 50 年以来，全球陆地表面显著升温[257]造成全球生态系统净生产力显著增加[258-259]，其中热带稀疏草原区和温带森林受影响最显著[260]。最近很多研究表明温带森林的生长呈上升的趋势[261-263]，也有少数研究显示生产力没有显著变化趋势或者呈现下降趋势。阔叶红松是中国温带地区非常重要的一种林分类型，其建群种红松的生长与气候因子的关系受到了很多学者的关注。一些学者研究了红松径向生长与气候因子的关系，但是很多都是从年轮宽度角度分析树木生长与气候因子的关系[46,124,126,134,155,266]，只有较少的人从生长量角度进行了研究，但他们仅限于对长白山地区红松的生物量或净生产力与气候变化的关系进行了研究[94,181,120,267,269]。

在年轮气象学研究中，由于树木胸高位置（距地面 1.3 m）采样方便且在生理生态方面有一定代表性，绝大部分研究中的树轮数据多取自树木的胸高位置处[131]。然而，有研究显示树干不同高度处径向生长[72,132]和 $\delta^{13}C$[133]均具有一定差异，可能造成不同高度处树轮宽度年表对气候因子的响应存在差异[134]。由于红松在生长过程中具有"先高后径"的生长特性，红松的高、径生长过程在时间和空间上的分异性[267]可能导致红松生长速率随树高增加而降低[134]。张雪等通过研究发现红松不同树高处年径向生长量变化趋势基本一致，但是红松的不同树高处的径向生长速率存在差异，对气候因子的响应也存在差异。这样可能降低了依据胸高处红

120

松径向生长与气候因子响应的关系对未来红松生长趋势预测结果的准确性[134]。为了减少这种误差，有必要采用生物量或材积等这种反应径向生长和高生长的综合指标来探讨气候变化对红松种群动态的影响。

树木体积生长量和生物量是森林生态系统非常重要的特性，反映了树木通过光合作用固定碳的能力。树木年轮宽度只是一维指标，而断面积生长量（BAI）是二维指标，树木体积生长量（V）是三维指标，它们能更好地反应树木总体的生长状况[270-271]。生物量和断面积生长的变化趋势与宽度年表的变化趋势是否一致呢？它们对气候因子的影响是否一致呢？关于这些问题目前还不是特别清楚。

阔叶红松林是中国东北地区非常重要的演替顶极地带性群落，红松是阔叶红松林的生态优势种，对气候变化具有较强的敏感性[46,175]。红松作为阔叶红松林的建群种，红松的变化能一定程度上反应阔叶红松林的变化。本文以原始阔叶红松林为研究对象，借鉴树木年轮学研究方法，以年轮宽度为基础，计算红松的每年新增的体积生长量和断面积生长量，研究四个不同纬度和三个不同海拔高度红松断面积生长量及体积生长量增量与气候因子的关系，探讨红松断面积生长量及体积生长量增量对气候因子的响应在纬度和海拔高度上的响应的异同，为进一步了解红松生长对气候变化的适应提供依据，也为更好地指导全球气候变化背景下阔叶红松林生态系统的管理提供依据。

7.2　研究方法

7.2.1　样本采集与处理

2012 年 9 月～10 月，在中国东北原始阔叶红松林分布区，按纬度从南到北选四个以阔叶红松林为保护对象的国家级自然保护区为样地。四个样地情况如下：辽宁省白石砬子国家级自然保护区（124.78° E，40.91° N，海拔 790～830 m）、吉林省长白山国家级自然保护区（128.1° E，42.4° N，海拔 740～750 m）、黑龙江省凉水国家级自然保护区（128.9° E，47.2° N，海拔 390～410 m）、黑龙江省胜山国家级自然保护区（126.8° E，49.4° N，海拔 560～600 m）。同时为了研究不同海拔高度红松生长量的差异及对气候因子的差异，在垂直梯度显著的长白山自然保护区选择了三个海拔高度样地进行研究。三个样地情况如下：低海拔红松分布区（海拔740～750 m），中海拔红松分布区（海拔1 030～1 040 m），高海拔红松分布区（海拔1 290～1 300 m）。样地基本情况见表2-2。

按照国际树轮库（ITRDB）的标准在四个纬度梯度样地进行采样、预处理、年轮宽度测定、交叉定年与校正，具体操作步骤见第2章。

7.2.2 红松体积生长量序列的形成

根据交叉定年后的年轮宽度序列，依据每株红松样木胸径处树芯的逐年宽度值和当前胸径，得到每株样木的逐年胸径[见式（7-1）]。应用树轮样芯方法计算的年轮半径是去皮的，而利用材积公式计算体积生长量时是使用带皮直径，因此借鉴于健等[120]拟合的红松去皮直径（D_w）与带皮直径（D_b）的回归方程[见式（7-2）]将红松历年去皮直径转换为带皮直径，去除因忽略树皮而导致计算体积生长量时产生的误差。利用材积经验公式[见式（7-3）和（7-4）][181]计算出每年红松的体积生长量（V，单位m³，为方便表达，本文将结果×1000转化为dm³），由公式（7-5）计算当年体积生长量（P_t），进一步求出每个样木的逐年体积生长量。有学者认为处于成熟期的树木生长不受年龄的因素影响[181]，依据祖占和的标准[274]，样地内的红松年龄处于成熟期，因此没有对逐年体积生长量序列去除生长趋势。由于取样时部分样地红松还没有结束当年的生长，因此分析时只分析到2011年。考虑到平均值可能受到个别样芯极端大值或极端小值的影响，本研究中采用中值进行研究，每个样地取1959年至2011年之间不同样木同年的逐年体积生长量的中值形成红松体积生长量序列，从而得到6个样地的六个体积生长量序列。具体计算公式如下：

$$D_t = D_{2012} - 2 \times (w_{2012} + w_{2011} + \cdots + w_{t+2} + w_{t+1}) \quad t \leqslant 2011 \qquad （7\text{-}1）$$

$$D_b = 1.721\ 8 + 1.017\ 9D_t \qquad （7\text{-}2）$$

$$V = 0.000\ 057\ 859\ 6 \times D^{1.8892} \times H^{0.98755} \times 1\ 000 \qquad （7\text{-}3）$$

$$H = 50.204\ 5 - 2\ 313.076/(D+47) \qquad （7\text{-}4）$$

$$P_t = V_t - V_{t-1} \tag{7-5}$$

式中，t 为年份（$t \leqslant 2011$）；D_t 为单株红松第 t 年的去皮胸径（cm）；D_b 为单株红松第 t 年的带皮胸径（cm）；W_t 为单株红松第 t 年树芯年轮宽度（cm）；H 为 t 年时单株红松的树高（m）；V 为 t 年时单株红松体积生长量（dm³）；P_t 为第 t 年单株红松当年体积生长量（dm³/ 棵·a）。

7.2.3　断面积生长量（BAI）序列的形成

断面积生长量（BAI）是每年年轮增加的面积[271-273]（见图 7-1），它比年轮宽度更好地反映树木总体生长情况[270-271]。根据交叉定年后的年轮宽度序列，依据每株红松样木胸径处树芯的逐年宽度值和当前胸径，得到每株样木的逐年胸径处半径 R_t[见式（7-6）]。利用断面积生长量计算公式[见式（7-7）][275]，计算出每个样木逐年红松的断面积生长量。有学者认为处于成熟期的树木生长不受年龄的因素影响[181]，样地内的红松年龄处于成熟期，因此没有对逐年断面积生长量序列去除生长趋势。由于取样时部分样地红松还没有结束当年的生长，因此分析时只分析到 2011 年。考虑到平均值可能受到个别样芯极端大值或极端小值的影响，本研究中采用中值进行研究，每个样地取 1959 年至 2011 年之间不同样木同年的逐年断面积生长量的中值形成红松的断面积生长量序列，从而得到 6 个样地的六个断面积生长量序列。具体计算公式如下：

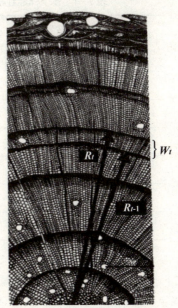

图 7-1　针叶树断面积示意图[275]

$$R_t = R_{2012} - 2 \times (w_{2012} + w_{2011} + \cdots + w_{t+2} + w_{t+1}) \quad t \leqslant 2011 \tag{7-6}$$

$$BAI_t = \pi R_t^2 - \pi R_{t-1}^2 \tag{7-7}$$

式中 t 为年份（$t \leqslant 2011$）；R_t 为单株红松第 t 年的半径（cm）；BAI_t 为单株红松第 t 年的断面积生长量（cm²）。

7.3 结果分析

7.3.1 红松体积生长量和断面积生长量的年际变化特征

表 7-1 显示，四个不同纬度样地红松的年均体积生长量和断面积生长量值差异较大。长白山自然保护区低海拔样地的红松年均体积生长量最高，1959 年至 2011 年期间，每棵红松每年体积生长量和断面积生长量分别高达 37.54 dm^3 和 25.44 cm^2，胜山自然保护区样地次之，凉水自然保护区样地第三，而白石砬子自然保护区样地的最低，每棵每年体积生长量和断面积生长量分别只有 16.70 dm^3 和 16.24 cm^2，每棵每年体积生长量不到长白山自然保护区低海拔样地的一半。

表 7-1　6 个样地红松年均体积生长量和年均断面积生长量（BAI）

年	体积生长量（dm^3/ 棵 .a）		断面积生长量（cm^2/ 棵 .a）	
	1959—2011	1970—2011	1959—2011	1970—2011
A	32.13±9.63	34.50±9.30	21.92±5.99	23.32±5.80
B	28.28±5.10	29.13±4.97	18.34±3.25	18.83±3.22
C_L	37.54±7.21	38.42±7.42	25.44±4.65	25.68±4.85
C_M	22.05±3.23	21.81±3.13	15.76±2.20	15.53±2.10
C_H	19.79±4.82	20.63±4.81	12.29±3.04	12.73±3.06
D	16.70±7.703	19.81±4.98	13.99±6.25	16.24±4.68

注：A—胜山自然保护区；B—凉水自然保护区；C_L—长白山自然保护区低海拔区域；C_M—长白山自然保护区中海拔区域；C_H—长白山自然保护区高海拔区域；D—白石砬子自然保护区。

长白山自然保护区中的三个海拔梯度样地中，红松的年均体积生长量和断面积生长量在近 50 年中都是低海拔样地值最高，其次为中海拔样地，最低的为高海拔样地。本研究结果与卫林的研究结果一致。卫林的研究显示，红松年生长量最大的海拔高度为 700 米 [23]。

从图 7-2 可以看出，四个不同纬度样地红松近 50 多年的体积生长量变化趋势有很大差异，最南端的白石砬子自然保护区的红松体积生长量呈现先升后降的趋势；中间纬度的长白山自然保护区低海拔区域样地和凉水自然保护区样地红松近 50 多年的体积生长量都呈上下波动的趋势；最北端的胜山自然保护区样地红松近 50 多年的体积生长量呈极显著上升趋势，每棵红松体积生长量每年上升幅度为 0.481 dm^3。

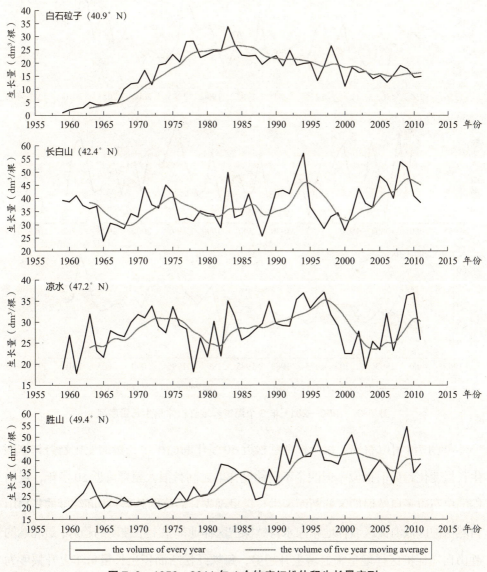

图 7-2　1959—2011 年 4 个纬度红松体积生长量序列

从图 7-3 可以看出，三个不同海拔高度样地红松近 50 多年的体积生长量变化趋势有很多差异，长白山自然保护区低海拔区域和中海拔区域样地红松近 50 多年的体积生长量都呈上下波动的趋势；而高海拔样地红松近 50 多年的体积生长量呈极显著上升趋势，每棵红松体积生长量每年上升幅度为 0.170 dm³。

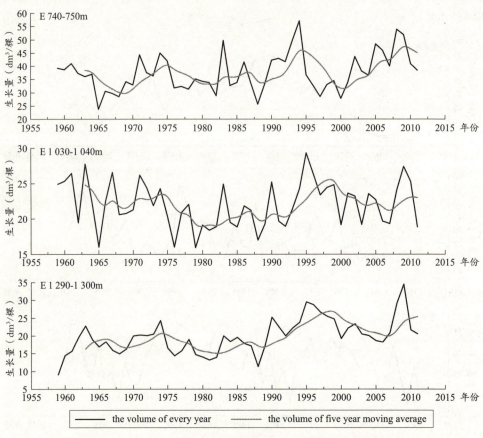

图 7-3　1959—2011 年 3 个海拔样地红松体积生长量序列

从图 7-4 可以看出，每个样地红松近 50 多年断面积生长量的变化趋势与体积生长量变化趋势很相似。但四个不同纬度样地之间有很大差异。近 50 多年，最南端的白石砬子自然保护区的断面积生长量呈现先升后降的趋势；中间纬度的长白山自然保护区低海拔区域样地和凉水自然保护区样地都呈上下波动的趋势；最北端的胜山自然保护区样地呈极显著上升趋势，每棵红松断面积生长量每年上升幅度为 0.282 cm²。

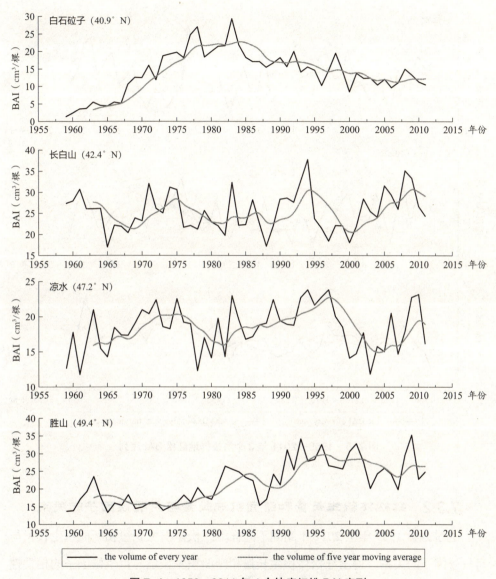

图 7-4　1959—2011 年 4 个纬度红松 BAI 序列

从图7-5可以看出，红松的断面积生长量在海拔梯度之间存在差异。近50多年，长白山自然保护区低海拔区域和低海拔区域样地的断面积生长量都呈上下波动的趋势；而高海拔样地的断面积生长量呈极显著上升趋势，每棵红松断面积生长量每年上升幅度为0.092 cm²。

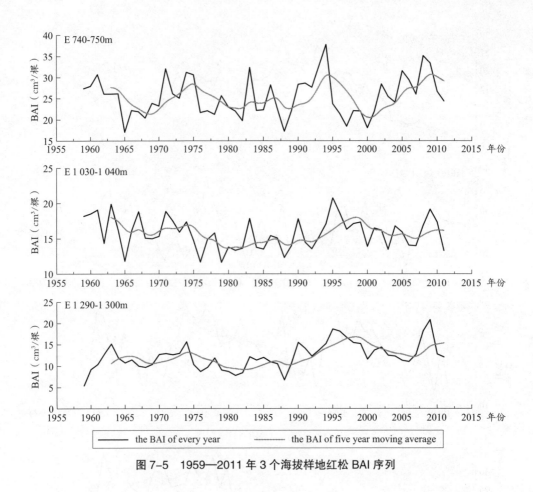

图 7-5 1959—2011 年 3 个海拔样地红松 BAI 序列

7.3.2 红松体积生长量和断面积生长量与月气候因子的关系

通过分析 1959 年至 2011 年期间不同样地红松体积生长量和断面积生长量与月气候因子的关系，得出红松体积生长量和断面积生长量与月气候因子的相关性有很大的一致性，只有少数情况差异显著性存在一定差异。

从表 7-2 至表 7-7 可以看出，白石砬子自然保护区样地红松的体积生长量主要与当年 4 月月平均气温显著正相关，上一年 5 月和当年 5 月的月平均最高气温显著负相关，当年 1 月和 4 月的月平均最低气温显著正相关，上一年 5 月和当年 5 月的月均相对湿度极显著正相关，上一年 8 月和 9 月的 PDSI 显著负相关。

白石砬子自然保护区样地红松的断面积生长量与月气候因子的相关性与体积

生长量有很相似，只有三个地方存在差异：体积生长量与当年 4 月的月平均气温、当年 1 月和 4 月平均最低气温显著正相关，而断面积生长量与它们也呈正相关，虽然相关性值比较大，但未达显著水平。

表 7-2　红松体积生长量和断面积生长量与月降水量的相关系数

月份	A		B		C_L		C_M		C_H		D	
	V	BAI	V	BAI	V	BAI	V	BAI	V	BAI	V	BAI
p4	0.09	0.08	0.04	0.03	−0.30*	−0.29*	−0.25	−0.23	−0.27	−0.27	−0.04	−0.06
p5	−0.03	−0.03	−0.19	−0.19	0.14	0.11	0.19	0.20	0.32*	0.33*	0.16	0.19
p6	−0.10	−0.10	0.17	0.19	−0.07	−0.06	0.01	0.01	−0.03	−0.02	0.11	0.08
p7	0.09	0.11	−0.03	−0.03	−0.20	−0.27*	−0.09	−0.11	0.05	0.04	−0.21	−0.23
p8	−0.08	−0.06	−0.03	−0.02	−0.15	−0.10	0.20	0.21	0.10	0.14	−0.19	−0.17
p9	−0.07	−0.04	0.23	0.26	0.18	0.24	0.11	0.12	0.12	0.15	−0.16	−0.16
p10	0.09	0.08	−0.05	−0.08	0.03	0.03	0.13	0.12	−0.13	−0.15	−0.13	−0.11
p11	−0.04	−0.06	0.04	0.04	0.00	0.01	0.10	0.11	−0.12	−0.10	−0.09	−0.08
p12	0.16	0.15	0.02	−0.01	0.24	0.20	−0.01	−0.01	0.05	0.03	0.01	0.02
1	0.28*	0.28*	0.07	0.03	−0.15	−0.15	−0.16	−0.15	−0.15	−0.16	−0.19	−0.22
2	−0.08	−0.09	−0.01	−0.04	0.16	0.15	0.12	0.12	0.25	0.24	−0.04	−0.05
3	0.26	0.25	0.00	−0.03	0.02	0.00	0.03	0.03	0.00	−0.02	−0.13	−0.20
4	0.10	0.10	−0.02	−0.03	−0.11	−0.09	−0.10	−0.10	−0.21	−0.22	0.06	0.05
5	−0.10	−0.11	0.09	0.09	−0.04	−0.06	0.14	0.14	0.03	0.05	0.01	0.04
6	0.10	0.11	0.27*	0.26	0.32*	0.29*	0.11	0.11	0.11	0.11	0.18	0.14
7	0.02	0.03	−0.04	−0.03	0.20	0.21	0.18	0.17	0.06	0.05	−0.20	−0.21
8	−0.09	−0.08	−0.17	−0.16	−0.11	−0.05	0.13	0.14	0.00	0.03	−0.12	−0.09
9	−0.21	−0.18	−0.02	0.01	0.09	0.14	0.08	0.12	0.03	0.06	−0.09	−0.10
10	0.05	0.05	0.03	0.03	0.21	0.19	0.13	0.11	0.16	0.15	−0.18	−0.16

注：A—胜山自然保护区；B—凉水自然保护区；C_L—长白山自然保护区低海拔区域；C_M—长白山自然保护区中海拔区域；C_H—长白山自然保护区高海拔区域；D—白石砬子自然保护区。p4~p12—上一年 4~12 月；1~10—当年 1~10 月。*p<0.05，**p<0.001。

　　长白山自然保护区低海拔样地红松的体积生长量主要与上一年 4 月的月降水量呈显著正相关，与当年 6 月的月降水量呈显著正相关；与上一年 9 月、11 月和当年 2 月、4 月、9 月的月平均气温呈显著正相关；与当年 6 月的月平均最高气温呈显著负相关；与上一年 4 月、5 月、9 月、11 月和当年 2 月、4 至 7 月、9 月的月平均最低气温显著正相关；与上一年 4 月、6 月、8 月、10 月和当年 2 月和 4 月的月平均相对湿度显著负相关；与上一年 4 月、8 月的 PDSI 显著负相关，与当年 6 月、10 月的 PDSI 显著正相关。

表 7-3　红松体积生长量和断面积生长量与月平均气温的相关系数

月份	A		B		C_L		C_M		C_H		D	
	V	BAI	V	BAI	V	BAI	V	BAI	V	BAI	V	BAI
p4	0.47**	0.46**	0.30*	0.25	0.16	0.09	0.14	0.11	0.35*	.317*	0.20	0.14
p5	0.37**	0.34*	−0.08	−0.11	0.02	−0.04	−0.07	−0.11	0.00	−0.02	−0.10	−0.19
p6	0.45**	0.41**	0.03	0.02	0.18	0.05	0.00	−0.04	0.33*	0.274*	0.05	−0.06
p7	0.59**	0.58**	−0.04	−0.04	0.03	0.00	0.16	0.16	0.31*	0.316*	−0.10	−0.12
p8	0.58**	0.55**	0.17	0.15	0.06	0.02	0.10	0.08	0.28*	0.274*	−0.03	−0.10
p9	0.36**	0.33*	−0.09	−0.10	0.32*	0.24	0.07	0.02	0.33*	0.297*	−0.13	−0.23
p10	0.54**	0.52**	0.21	0.19	0.22	0.11	0.23	0.20	0.39**	0.345*	−0.02	−0.04
p11	0.37**	0.37**	0.15	0.14	0.34*	0.25	0.01	0.00	0.31*	0.282*	0.01	−0.01
p12	0.40**	0.40**	0.07	0.05	0.10	0.04	0.08	0.07	0.26	0.25	0.22	0.15
1	0.37**	0.37**	0.23	0.19	0.25	0.19	−0.03	−0.05	0.24	0.21	0.25	0.18
2	0.48**	0.49**	0.19	0.14	0.28*	0.19	0.11	0.07	0.32*	0.27*	0.12	−0.03
3	0.34*	0.36**	0.00	−0.02	0.18	0.13	0.25	0.23	0.19	0.15	0.11	0.03
4	0.49**	0.48**	0.12	0.10	0.34*	0.30*	0.26	0.24	0.32*	0.31*	0.30*	0.25
5	0.52**	0.50**	0.22	0.19	0.07	0.03	0.05	0.02	0.14	0.10	−0.12	−0.20
6	0.25	0.22	−0.21	−0.24	0.01	−0.08	−0.04	−0.09	0.22	0.18	0.04	−0.06
7	0.47**	0.45**	0.07	0.04	0.07	0.01	0.11	0.08	0.20	0.21	−0.03	−0.04
8	0.56**	0.54**	−0.07	−0.10	0.03	−0.02	0.07	0.06	0.14	0.13	−0.11	−0.15

续表7-3

月份	A		B		C$_L$		C$_M$		C$_H$		D	
	V	BAI	V	BAI	V	BAI	V	BAI	V	BAI	V	BAI
9	0.37**	0.35**	−0.23	−0.26	0.42**	0.34*	0.26	0.23	0.35**	0.31*	0.04	−0.05
10	0.34*	0.31*	0.04	0.01	0.16	0.07	0.07	0.03	0.24	0.19	0.01	−0.06

注：A—胜山自然保护区；B—凉水自然保护区；C$_L$—长白山自然保护区低海拔区域；C$_M$—长白山自然保护区中海拔区域；C$_H$—长白山自然保护区高海拔区域；D—白石砬子自然保护区。p4~p12—上一年4~12月；1~10—当年1~10月。*p<0.05，**p<0.001。

长白山自然保护区低海拔样地红松的断面积生长量（BAI）与月气候因子的相关性与体积生长量有一定相似，但很多地方存在差异，主要表现如下：红松的断面积生长量与上一年7月降水量呈显著负相关，以及与当年7月、9月的PDSI呈显著正相关，但红松的体积生长量与这两个气候因子虽然呈负相关，相关值也比较高，但未达到显著水平。另外，红松的体积生长量与上一年9月和11月、当年2月的月平均气温呈显著正相关，与上一年4月、5月、9月、11月和当年2月、5月、6月、7月的月平均最低气温呈显著正相关，以及与上一年6月、8月、10月、当年2月的月平均和上一年4月、8月的相对湿度呈显著负相关，但是红松的断面积生长量与这些气候因子虽然呈正相关，相关值也比较高，但未达到显著水平。

对长白山自然保护区中海拔样地红松的体积生长量影响显著的气候因子不是特别多，只有当年3月的月平均最高气温与之呈显著正相关，上一年4月和当年4月的月平均相对湿度与之呈显著负相关，当年6月、7月、9月的PDSI与之显著正相关，且当年8月和10月的相关性值也比较高。

长白山自然保护区中海拔样地红松的断面积生长量（BAI）与月气候因子的相关性与体积生长量相似较大，只有三个气候因子有一点差异，当年7月的月均相对湿度、当年8月和10月的PDSI都与断面积生长量呈显著正相关，而与体积生长量的相关性值虽然比较大，但未达显著水平。

表 7-4　红松体积生长量和断面积生长量与月平均最高气温的相关系数

月份	A		B		C_L		C_M		C_H		D	
	V	BAI	V	BAI	V	BAI	V	BAI	V	BAI	V	BAI
p4	0.23	0.23	0.33*	0.30*	0.05	0.04	0.18	0.17	0.19	0.19	0.18	0.14
p5	0.11	0.08	−0.07	−0.09	−0.20	−0.17	−0.11	−0.12	−0.25	−0.25	−0.31*	−0.36**
p6	0.24	0.22	0.06	0.06	0.09	0.02	0.12	0.10	0.23	0.21	−0.03	−0.12
p7	0.35**	0.34*	−0.02	−0.02	−0.04	−0.02	0.09	0.11	0.11	0.13	−0.05	−0.06
p8	0.39**	0.36**	0.20	0.19	0.01	−0.01	0.04	0.04	0.08	0.07	0.04	−0.02
p9	0.00	−0.04	−0.21	−0.21	0.02	−0.01	−0.12	−0.14	−0.05	−0.07	−0.14	−0.20
p10	0.21	0.21	0.17	0.18	0.11	0.09	0.19	0.21	0.08	0.08	−0.10	−0.10
p11	0.18	0.18	0.08	0.09	0.14	0.13	−0.05	−0.03	0.04	0.04	−0.05	−0.07
p12	0.25	0.26	0.02	0.00	−0.03	−0.05	0.05	0.06	0.12	0.12	0.15	0.11
1	0.25	0.25	0.19	0.17	0.19	0.17	−0.01	0.00	0.14	0.13	0.16	0.12
2	0.37**	0.39**	0.15	0.12			0.17	0.15	0.27*	0.24	0.11	−0.03
3	0.17	0.19	−0.04	−0.05	0.09	0.09	0.28*	0.27*	0.09	0.08	0.17	0.10
4	0.22	0.23	0.13	0.12	0.15	0.17	0.25	0.25	0.12	0.13	0.25	0.22
5	0.31*	0.32*	0.16	0.14	−0.15	−0.11	0.03	0.03	−0.07	−0.07	−0.30*	−0.34*
6	0.01	−0.01	−0.03*	−0.03*	−0.27*	−0.28*	−0.09	−0.11	0.04	0.04	−0.06	−0.13
7	0.23	0.21	0.05	0.03	−0.19	−0.21	−0.03	−0.04	0.00	0.03	−0.03	−0.02
8	0.36**	0.34*	−0.02	−0.04	−0.16	−0.18	−0.05	−0.05	−0.05	−0.05	−0.02	−0.07
9	0.12	0.11	−0.07	−0.11	0.03	−0.01	0.16	0.14	0.10	0.07	−0.01	−0.07
10	0.02	0.01	−0.01	−0.02	−0.04	−0.01	0.08	0.08	−0.08	−0.09	−0.08	−0.13

注：A—胜山自然保护区；B—凉水自然保护区；C_L—长白山自然保护区低海拔区域；C_M—长白山自然保护区中海拔区域；C_H—长白山自然保护区高海拔区域；D—白石砬子自然保护区。p4～p12—上一年4～12月；1～10—当年1～10月。*p<0.05，**p<0.001。

长白山自然保护区高海拔样地红松的体积生长量主要受温度的制约，受水分的影响较小。主要表现为：与所有月份的月平均气温都呈正相关，其中上一年4月、

6—11 月、2 月、4 月、9 月的月平均气温的相关性达显著水平；与当年 2 月的月平均最高气温呈显著正相关；与所有月份的月平均最低气温呈正相关，除当年 3 月和 8 月未达显著水平外，其他月份都达显著或者极显著水平。相对湿度也是影响此地区红松体积生长量的重要气候因子，与上一年 4 月、6 月、7 月、12 月、当年 4 月和 9 月的月平均相对湿度呈显著负相关，与上一年 5 月的月平均相对湿度呈极显著正相关。另外，上一年 5 月的月降水量也显著促进着本区域红松的生长。

长白山自然保护区高海拔样地红松的断面积生长量（BAI）与月气候因子的相关性与体积生长量相似较大，只有几个月份的气候因子存在差异：当年 2 月的月平均最高气温、上一年 6 月和当年 1 月的月平均最低气温、上一年 12 月和当年 9 月的平均相对湿度与本区域红松的断面积生长量虽然相关值比较高，但未达显著水平，而它们与体积生长量都达显著水平。

表 7-5　红松体积生长量和断面积生长量与月平均最低气温的相关系数

月份	A		B		C_L		C_M		C_H		D	
	V	BAI	V	BAI	V	BAI	V	BAI	V	BAI	V	BAI
p4	0.63**	0.59**	0.22	0.18	0.28*	0.14	0.01	−0.05	0.36**	0.29*	0.13	0.05
p5	0.59**	0.54**	−0.03	−0.06	0.28*	0.13	0.05	−0.02	0.39**	0.33*	0.26	0.14
p6	0.59**	0.54**	0.10	0.07	0.20	0.04	−0.15	−0.22	0.29*	0.23	0.07	−0.03
p7	0.65**	0.63**	0.03	0.02	0.08	−0.01	0.09	0.07	0.35*	0.33*	−0.10	−0.13
p8	0.59**	0.56**	0.12	0.04	−0.01	0.11	0.09	0.34*	0.34*	−0.12	−0.19	
p9	0.46**	0.44**	0.08	0.07	0.32*	0.22	0.14	0.10	0.39**	0.36**	−0.12	−0.23
p10	0.60**	0.57**	0.22	0.18	0.24	0.09	0.26	0.21	0.48**	0.42**	0.02	−0.02
p11	0.53**	0.51**	0.18	0.17	0.40**	0.28*	0.07	0.04	0.40**	0.37**	0.02	0.00
p12	0.55**	0.54**	0.12	0.10	0.15	0.07	0.04	0.02	0.29*	0.27*	0.26	0.19
1	0.52**	0.51**	0.27*	0.23	0.24	0.16	0.00	−0.03	0.30*	0.26	0.30*	0.23
2	0.58**	0.58**	0.26	0.21	0.30*	0.19	0.08	0.04	0.33*	0.28*	0.14	−0.01
3	0.45**	0.45**	0.01	−0.01	0.22	0.15	0.20	0.17	00.22	00.18	0.00	−0.08

续表7-5

月份	A		B		C_L		C_M		C_H		D	
	V	BAI	V	BAI	V	BAI	V	BAI	V	BAI	V	BAI
4	0.63**	0.62**	0.10	0.07	0.44**	0.32*	0.12	0.06	0.41**	0.35**	0.28*	0.21
5	0.62**	0.58**	0.25	0.21	0.29*	0.15	0.12	0.06	0.39**	0.31*	0.19	0.07
6	0.52**	0.49**	0.19	0.16	0.29*	0.15	0.01	−0.06	0.34*	0.28*	0.13	0.02
7	0.62**	0.59**	0.13	0.10	0.28*	0.20	0.20	0.17	0.31*	0.29*	−0.01	−0.02
8	0.61**	0.58**	−0.06	−0.10	0.06	0.00	0.15	0.13	0.23	0.22	−0.21	−0.24
9	0.41**	0.39**	−0.20	−0.21	0.42**	0.34*	0.20	0.18	0.33*	0.30*	0.04	−0.05
10	0.48**	0.45**	0.11	0.08	0.22	0.08	0.08	0.01	0.42**	0.36**	0.07	−0.01

注：A—胜山自然保护区；B—凉水自然保护区；C_L—长白山自然保护区低海拔区域；C_M—长白山自然保护区中海拔区域；C_H—长白山自然保护区高海拔区域；D—白石砬子自然保护区。p4～p12—上一年4～12月；1～10—当年1～10月。*p<0.05，**p<0.001。

表7-6　红松体积生长量和断面积生长量与月平均相对湿度的相关系数

月份	A		B		C_L		C_M		C_H		D	
	V	BAI	V	BAI	V	BAI	V	BAI	V	BAI	V	BAI
p4	0.08	0.07	−0.05	−0.04	−0.34*	−0.30*	−0.33*	−0.30*	−0.31*	−0.30	−0.11	−0.11
p5	0.17	0.18	0.05	0.04	0.05	0.03	0.25	0.25	0.43**	0.44**	0.40**	0.37**
p6	−0.26	−0.24	0.12	0.10	−0.28*	−0.18	−0.19	−0.14	−0.43**	−0.39**	0.07	0.10
p7	−0.33*	−0.31*	0.06	0.05	−0.27	−0.22	−0.16	−0.14	−0.33*	−0.31*	0.03	0.01
p8	−0.33*	−0.31*	−0.12	−0.12	−0.31*	−0.19	−0.02	0.03	−0.24	−0.18	−0.09	−0.09
p9	−0.17	−0.14	0.34*	0.35**	−0.15	−0.07	−0.01	0.02	−0.13	−0.08	−0.04	−0.04
p10	−0.12	−0.12	0.05	0.04	−0.28*	−0.18	0.12	0.16	−0.25	−0.21	−0.19	−0.19
p11	−0.21	−0.24	−0.14	−0.13	−0.11	−0.04	0.07	0.10	−0.15	−0.12	−0.04	−0.02
p12	0.07	0.06	−0.19	−0.15	−0.14	−0.07	−0.08	−0.03	−0.30*	−0.26	−0.21	−0.20
1	0.19	0.17	−0.22	−0.19	−0.10	−0.04	−0.04	0.02	−0.09	−0.04	−0.12	−0.16
2	−0.05	−0.05	−0.22	−0.18	−0.271*	−0.18	0.07	0.11	−0.14	−0.09	−0.21	−0.24

续表7-6

月份	A		B		C_L		C_M		C_H		D	
	V	BAI	V	BAI	V	BAI	V	BAI	V	BAI	V	BAI
3	−0.18	−0.17	−0.04	−0.02	−0.14	−0.03	−0.05	0.01	−0.20	−0.15	−0.16	−0.15
4	0.05	0.06	0.00	−0.01	−0.42**	−0.38**	−0.30*	−0.29*	−0.28*	−0.28*	−0.08	−0.08
5	−0.11	−0.10	0.04	0.01	−0.05	−0.06	0.16	0.16	0.16	0.17	0.37**	0.34*
6	−0.14	−0.11	0.50**	0.50**	0.12	0.23	0.15	0.19	−0.23	−0.20	0.16	0.16
7	−0.16	−0.13	0.28*	0.25	0.04	0.13	0.26	0.27*	−0.13	−0.12	0.09	0.07
8	−0.32*	−0.31*	0.02	0.01	−0.22	−0.11	0.11	0.14	−0.25	−0.21	−0.15	−0.13
9	−0.31*	−0.29*	0.12	0.12	−0.12	−0.03	−0.02	0.03	−0.28*	−0.25	−0.03	0.00
10	−0.13	−0.12	0.11	0.11	−0.18	−0.09	0.03	0.07	−0.17	−0.12	−0.18	−0.21

注：A—胜山自然保护区；B—凉水自然保护区；C_L—长白山自然保护区低海拔区域；C_M—长白山自然保护区中海拔区域；C_H—长白山自然保护区高海拔区域；D—白石砬子自然保护区。p4～p12—上一年 4～12 月；1～10—当年 1～10 月。*p<0.05，**p<0.001。

表7-7　红松体积生长量和断面积生长量与月 PDSI 的相关系数

月份	A		B		C_L		C_M		C_H		D	
	V	BAI	V	BAI	V	BAI	V	BAI	V	BAI	V	BAI
p4	−0.15	−0.13	0.00	0.03	−0.36*	−0.28	−0.15	−0.11	−0.28	−0.24	−0.15	−0.08
p5	−0.15	−0.12	0.13	0.17	−0.26	−0.21	0.07	0.10	0.03	0.06	−0.05	0.04
p6	−0.14	−0.11	0.13	0.17	−0.22	−0.15	0.01	0.04	−0.09	−0.05	−0.10	−0.03
p7	−0.09	−0.05	0.17	0.20	−0.26	−0.22	−0.04	−0.03	−0.03	0.00	−0.27	−0.22
p8	−0.13	−0.09	0.14	0.17	−0.32*	−0.24	0.13	0.15	−0.01	0.04	−0.35*	−0.30*
p9	−0.14	−0.09	0.21	0.24	−0.16	−0.09	0.18	0.21	0.05	0.10	−0.35*	−0.29*
p10	−0.14	−0.10	0.19	0.21	−0.22	−0.15	0.10	0.13	−0.06	−0.02	−0.22	−0.16
p11	−0.16	−0.13	0.22	0.24	−0.16	−0.10	0.16	0.19	−0.05	0.00	−0.23	−0.17
p12	−0.15	−0.12	0.22	0.24	−0.11	−0.05	0.15	0.18	−0.07	−0.02	−0.21	−0.15
1	−0.15	−0.11	0.18	0.20	−0.13	−0.07	0.14	0.17	−0.05	−0.01	−0.24	−0.17

月份	A		B		C_L		C_M		C_H		D	
	V	BAI	V	BAI	V	BAI	V	BAI	V	BAI	V	BAI
2	−0.16	−0.12	0.20	0.22	−0.12	−0.06	0.18	0.21	−0.03	0.00	−0.17	−0.10
3	−0.19	−0.15	0.20	0.22	−0.15	−0.10	0.17	0.20	−0.04	−0.01	−0.16	−0.09
4	−0.17	−0.13	0.15	0.17	−0.06	0.00	0.05	0.07	−0.13	−0.11	−0.14	−0.09
5	−0.18	−0.14	0.25	0.27	−0.02	0.02	0.18	0.20	−0.04	−0.02	−0.10	−0.03
6	−0.13	−0.09	0.36*	0.40**	0.33*	0.36*	0.39**	0.42**	−0.04	−0.02	−0.10	−0.06
7	−0.14	−0.11	0.32*	0.36*	0.25	0.29*	0.36*	0.39**	0.03	0.05	−0.27	−0.24
8	−0.17	−0.14	0.19	0.22	0.14	0.21	0.28	0.31*	−0.03	0.00	−0.28	−0.25
9	−0.21	−0.17	0.19	0.23	0.28	0.36*	0.30*	0.34*	−0.01	0.03	−0.25	−0.20
10	−0.20	−0.18	0.19	0.22	0.29*	0.36*	0.26	0.30*	−0.06	−0.01	−0.15	−0.09

注：A—胜山自然保护区；B—凉水自然保护区；C_L—长白山自然保护区低海拔区域；C_M—长白山自然保护区中海拔区域；C_H—长白山自然保护区高海拔区域；D—白石砬子自然保护区。p4～p12—上一年4～12月；1～10—当年1～10月。*p<0.05，**p<0.001。

凉水自然保护区样地红松的体积生长量主要与上一年4月的月平均气温和月平均最高气温以及当年1月的月平均最低气温显著正相关，与当年6月的月平均最高气温显著负相关。与当年6月的月降水量、上一年9月、当年6月和7月的月平均相对湿度、以及当年6月和7月的PDSI显著正相关。

凉水自然保护区样地红松样地红松的断面积生长量（BAI）与月气候因子的相关性与体积生长量相似较大，只有四个月份的气候因子存在差异：红松的体积生长量与当年6月的降水量、上一年4月的月平均气温、当年1月的月平均最低气温、当年7月的月平均相对湿度都曾显著正相关，而红松的断面积生长量与它们的相关性值虽然比较高，但未达显著水平。

胜山自然保护区样地红松的体积生长量主要与气温因子相关，尤其是最低气温影响非常大。除当年6月月平均气温之外，它与所有月份的月平均气温呈显著或极显著正相关，与所有月份的月平均最低气温呈极显著正相关，与上一年7月和 8 月、当年 2 月、5 月和 8 月的月平均最高气温呈显著或极显著正相关。与当年 1 月的月降水量呈显著正相关，与上一年 7 月和 8 月、当年 8 月和 9 月的月均相对湿度呈显著负相关。

胜山自然保护区样地红松样地红松的断面积生长量（BAI）与月气候因子的响应情况与体积生长量的情况完全一致，主要与气温因子相关，尤其是月平均最低气温和月平均气温影响非常大。

7.3.3　红松体积生长量和断面积生长量与季节气候因子的关系

季节气候因子能更清晰直观地反应一定时间阶段气候因子的特征。红松体积生长量和断面积生长量与季节气候因子的相关关系比月气候因子更为清晰。如表 7-8 所示，白石砬子自然保护区体积生长量与生长季早期的季平均气温和季平均最低气温呈显著正相关，而断面积生长量与上一年生长季的季平均最高气温呈显著负相关，与生长季早期的季平均气温和季平均最低气温的相关值虽然比较高，但未达显著水平。

长白山自然保护区低海拔样地红松体积生长量与很多季节气候因子的相关性都达到显著水平，如与上一年生长季末期、当年生长季早期和生长季末期的季平均气温呈显著正相关，与冬季的季平均气温呈极显著正相关；与生长季的季平均最高气温呈显著负相关；与上一年生长季早期和生长季末期以及当年生长季的季平均最低气温呈显著正相关，与冬季和当年生长季早期和生长季末期的季平均最低气温呈极显著正相关；与生长季的降水量呈显著正相关，与上一年生长季和当年生长季早期的季平均相对湿度呈极显著负相关，与上一年生长季早期和生长季的季平均 PDSI 呈显著负相关，与当年生长季末期的 PDSI 呈显著正相关。而与长白山自然保护区低海拔样地红松断面积生长量显著相关的气候因子相对于体积生长量来说要少了很多。只与当年生长季的季平均最高气温和上一年生长季的降水量呈显著负相关，与当年生长季的降水量呈显著正相关，与当年生长季早期的季平均相对湿度呈显著负相关，与当年生长季和生长季末期的 PDSI 呈显著正相关。

表 7-8 红松体积生长量和断面积生长量与季节变量的相关关系

季节		A		B		C_L		C_M		C_H		D	
		V	BAI	V	BAI	V	BAI	V	BAI	V	BAI	V	BAI
T_m	PBG	0.51**	0.48**	0.17	0.12	0.14	0.06	0.07	0.02	0.26	0.23	0.20	0.14
	PGS	0.66**	0.63**	0.04	0.02	0.13	0.03	0.11	0.09	0.44**	0.41**	-0.09	-0.23
	PEG	0.36**	0.33*	0.21	0.19	0.32*	0.20	0.19	0.14	0.44**	0.39**	-0.02	-0.04
	WD	0.59**	0.59**	0.19	0.15	0.37**	0.26	0.14	0.11	0.43**	0.38**	0.25	0.12
	BG	0.60**	0.59**	0.21	0.18	0.30*	0.24	0.23	0.19	0.32*	0.28	0.30*	0.25
	GS	0.50**	0.47**	-0.18	-0.23	0.05	-0.05	0.06	0.01	0.26	0.24	-0.04	-0.15
	Eg	0.37**	0.35**	0.04	0.01	0.33*	0.23	0.19	0.14	0.35*	0.30*	0.01	-0.06
T_{max}	PBG	0.23	0.21	0.19	0.16	-0.06	-0.06	0.08	0.08	0.01	0.02	0.18	0.14
	PGS	0.42**	0.39**	0.03	0.03	0.04	0.00	0.14	0.14	0.23	0.22	-0.18	-0.28*
	PEG	0.00	-0.04	0.17	0.18	0.09	0.06	0.09	0.09	0.03	0.03	-0.10	-0.10
	WD	0.36**	0.38**	0.12	0.09	0.20	0.16	0.17	0.18	0.25	0.23	0.19	0.08
	BG	0.34*	0.35*	0.18	0.16	0.04	0.08	0.21	0.21	0.06	0.07	0.25	0.22
	GS	0.23	0.20	-0.18	-0.21	-0.31*	-0.35*	-0.09	-0.10	0.01	0.02	-0.16	-0.23
	Eg	0.12	0.11	-0.01	-0.02	-0.01	-0.01	0.13	0.12	-0.01	-0.03	-0.08	-0.13
T_{min}	PBG	0.66**	0.62**	0.13	0.09	0.31*	0.15	0.04	-0.04	0.41**	0.34*	0.13	0.05
	PGS	0.73**	0.69**	0.13	0.10	0.15	0.01	0.02	-0.03	0.43**	0.34**	-0.02	-0.15

	季节	A		B		C_L		C_M		C_H		D	
		V	BAI	V	BAI	V	BAI	V	BAI	V	BAI	V	BAI
T_{min}	PEG	0.46**	0.44**	0.22	0.18	0.33*	0.18	0.25	0.19	0.54**	0.48**	0.02	-0.02
	WD	0.70**	0.69**	0.25	0.21	0.41**	0.27	0.12	0.07	0.48**	0.41**	0.27	0.14
	BG	0.68**	0.65**	0.21	0.17	0.41**	0.26	0.14	0.07	0.44**	0.37**	0.28*	0.21
	GS	0.69**	0.65**	0.01	-0.03	0.277*	0.16	0.16	0.11	0.39**	0.35**	0.03	-0.08
	Eg	0.41**	0.39**	0.11	0.08	0.38**	0.24	0.17	0.11	0.46**	0.40**	0.07	-0.01
P	PBG	0.03	0.02	-0.14	-0.14	-0.05	-0.08	0.02	0.03	0.20	0.21	-0.04	-0.06
	PGS	-0.03	-0.01	0.10	0.12	-0.26	-0.28*	0.03	0.01	0.16	0.18	-0.25	-0.25
	PEG	-0.07	-0.04	-0.05	-0.08	0.18	0.23	0.13	0.14	0.12	0.14	-0.13	-0.11
	WD	0.25	0.22	0.04	-0.02	0.11	0.09	0.08	0.09	-0.01	-0.02	-0.20	-0.24
	BG	-0.03	-0.03	0.06	0.06	-0.11	-0.12	0.08	0.08	-0.10	-0.09	0.06	0.05
	GS	0.01	0.03	-0.02	0.00	0.27*	0.30*	0.28*	0.28*	0.12	0.13	-0.17	-0.17
	Eg	-0.21	-0.18	0.03	0.03	0.17	0.22	0.13	0.17	0.09	0.12	-0.18	-0.16
RH	PBG	0.16	0.16	0.01	0.00	-0.22	-0.20	-0.07	-0.05	0.07	0.09	-0.11	-0.11
	PGS	-0.39**	-0.36**	0.18	0.17	-0.37**	-0.25	-0.17	-0.13	-0.45**	-0.40**	0.15	0.14
	PEG	-0.17	-0.14	0.05	0.04	-0.26	-0.15	0.07	0.12	-0.23	-0.18	-0.19	-0.19
	WD	-0.08	-0.09	-0.21	-0.17	-0.19	-0.09	0.00	0.06	-0.21	-0.16	-0.21	-0.22

季节		A		B		C_L		C_M		C_H		D	
		V	BAI	V	BAI	V	BAI	V	BAI	V	BAI	V	BAI
RH	BG	-0.05	-0.03	0.03	0.00	-0.36**	-0.34*	-0.11	-0.10	-0.10	-0.09	-0.08	-0.08
	GS	-0.24	-0.21	0.40**	0.39**	0.01	0.14	0.23	0.27	-0.27	-0.23	0.16	0.16
	Eg	-.31*	-0.28*	0.11	0.11	-0.18	-0.07	0.00	0.06	-0.27	-0.22	-0.18	-0.21
	PBG	-0.15	-0.13	0.07	0.11	-0.34*	-0.27	-0.05	0.00	-0.14	-0.10	-0.15	-0.08
	PGS	-0.13	-0.09	0.17	0.21	-0.29*	-0.23	0.04	0.06	-0.04	0.00	-0.25	-0.18
	PEG	-0.14	-0.09	0.19	0.21	-0.20	-0.12	0.14	0.17	-0.01	0.04	-0.22	-0.16
PDSI	WD	-0.16	-0.12	0.21	0.23	-0.14	-0.08	0.16	0.19	-0.05	-0.01	-0.21	-0.15
	BG	-0.17	-0.14	0.21	0.23	-0.04	0.01	0.13	0.15	-0.10	-0.07	-0.14	-0.09
	GS	-0.16	-0.12	0.28	0.32*	0.25	0.30*	0.37*	0.40**	-0.02	0.01	-0.23	-0.18
	Eg	-0.21	-0.17	0.19	0.22	0.29*	0.37*	0.29*	0.33*	-0.04	0.01	-0.15	-0.09

注：WD—冬季；BG—生长季；GS—生长季；EG—生长季末期；PBG—上一年生长季早期；PGS—上一年生长季期；PEG—上一年生长季末期。

　　与长白山自然保护区中海拔样地红松体积生长量和断面积生长量的相关性达到显著水平的季节气候因子不是很多，只与当年生长季的降水量、当年生长季和生长季末期的 PDSI 呈显著或极显著正相关。

　　长白山自然保护区高海拔样地红松体积生长量和断面积生长量都与很多季节的气温因子的相关性非常显著，如与上一年生长季和生长季末期以及冬季的季平均气温呈极显著正相关，与当年生长季早期和生长季末期的季平均气温呈显著正相关，与上一年生长季早期和当年生长季的相关性虽未达显著水平，但相关性值也很高；与上一年生长季早期至当年生长季末期的所有季节的生长季最低气温都呈显著或极显著正相关；与上一年生长季和冬季的季平均最高气温呈正相关，相关性值也比较高，但未达显著水平。此外，与上一年生长季的相对湿度呈极显著负相关，与上一年和当年的生长季和生长季末期的季平均相对湿度的相关性值也比较高，但未达显著水平。

　　凉水自然保护区样地样地红松体积生长量和断面积生长量与季节气候因子的相关性比较弱，只与生长季的季平均相对湿度呈极显著正相关，与各季节的 PDSI 的正相关值比较高，但只有断面积生长量与当年生长季的相关性值达显著水平。此外，与上一年生长季末期至当年生长季早期的季平均气温和季平均最低气温的正相关值比较高，与当年生长季的季平均气温和季平均最高气温的负相关值比较高，但都未达显著水平。

　　胜山自然保护区样地红松体积生长量和断面积生长量都与各季节的气温因子的相关性最显著，如与所有季节的季平均气温和季平均最低气温都呈极显著正相关，与上一年生长季、冬季气温呈极显著正相关，与当年生长季早期的季平均最高气温呈显著正相关；与上一年生长季和当年生长季的季平均相对湿度分别呈极显著和显著负相关。

7.4 讨论

7.4.1 不同纬度和不同海拔高度红松体积生长量和断面积生长量的特性

长白山自然保护区三个海拔高度样地中，1959 年至 2011 年期间，低海拔样地的红松年均体积生长量和断面积生长量值最高，中海拔样地的次之，高海拔样地最低。此结果与陈力研究的相似。本研究中的低海拔样地海拔高度为 740～750 m，1959 年至 2011 年期间的年均体积生长量为 37.54±7.21 dm³，与陈力[181] 研究的海拔高度为 772 m 的样地的 37.7 dm³ 很接近；此外，本研究中的高海拔样地（1 290～1 300 m）1959 年至 2011 年期间的年均体积生长量为 19.79±4.82 dm³，与陈力[181] 研究的海拔高度为 1 258 m 的样地的 19.9 dm³ 很接近。此研究结果显示同一纬度的不同的海拔高度样地的原始阔叶红松林内，红松的体积生长量和断面积生长量会随着海拔高度的升高而降低。

本研究所选择的最低海拔样地并不是红松可以生存的最低海拔，在实地调研中发现在更低海拔的区域（如 590 m 左右）也有红松生存，但由于人为干扰的影响，那些地区的红松都是次生林，不是原始红松林。陈力[181] 在研究中选择了一个海拔高度为 598 m 的红松次生林为样地，发现此处的红松体积生长量低于海拔高度为 772 m 的样地。说明并不是海拔高度越低，越有利于红松体积生长量和断面积生长量的生长。同时，本研究也显示纬度最低的白石砬子自然保护区样地红松的体积生长量偏低，也反映同样的问题。说明在低海拔和低纬度中，生长季的高温（尤其是 5、6 月的最高高温）往往加快土壤蒸发和植物的蒸腾作用，容易造成红松缺水，进而影响到红松生长，导致低纬度和低海拔地区红松生长不利的现象。

高海拔样地海拔高度为 1 290～1 300 m，接近长白山自然保护区红松生长的海拔上限，在高海拔地区低温是限制红松生长的关键气候因子。长期处于低温的制约下，红松的体积生长量偏低。

胜山自然保护区虽然是中国红松分布区的最北地区，但并不是全球分布的最高纬度地区。随着全球气候变化，此区域气温不断升高，此区域越有利于红松的生长。因此胜山自然保护区的红松体积生长量并不是四个不同纬度中最低的。

7.4.2　不同纬度和不同海拔高度红松体积生长量和断面积生长量与月气候因子响应的异同

不同纬度和不同海拔高度红松体积生长量和断面积生长量对月气候因子响应存在相似的地方，也存在不同的地方。相似之处主要表现为：一是，月平均最低气温对 6 个样地红松生长的影响大部分都是正影响（低纬度地区的生长季部分月份除外），与长白山自然保护区低海拔和高海拔样地以及胜山自然保护区样地的相关性都非常高。说明月平均最低气温对红松体积生长量和断面积生长量的影响非常大。在生长季早期，气温升高，积雪融化，土壤中水分充足，非常有利于红松生长，但此时夜间的低温还是偏低，最低气温处于 5℃以下。此时最低气温越高，越有利于红松的高生长和直径生长。生长季时夜间的低温已不成为红松生长的限制因子，但由于白天强烈的阳光照射气温较高，植物蒸腾作用强烈，消耗较多水分，使体内水分缺乏，抑制植物分生组织的细胞分裂和细胞伸长；此外，白昼强烈的短波光也有抑制细胞伸长的作用，因此在 6 月下旬和 7 月，白天红松的高生长要低于夜间 [62]。夜间如果气温合适，有利于高生长。朱春全 [276] 测定，无论是生长季初期、中期和末期，红松白天净光合作用速率都大于夜间，而生长季中后期红松白天的生长量低于夜间的生长量。这也说明光合作用只是一个单一的生理过程，而生长是包括光合、呼吸、同化、运输等过程在内的综合作用的结果，是光合作用产物经过分配、体内运输、同化、产生细胞分化分化和伸长，最终表现为生长量的结果 [62]，但如果气温最高的月份最低气温过高，夜间呼吸作用需要消耗过多的光合产物，也不利于红松的生长，如最南端的白石砬子自然保护区的红松体积生长量和断面积生长量与当年 8 月的月平均最低气温呈负相关，虽未达显著水平，但相关性值比较高。

二是，高海拔样地和高纬度样地对气候因子的响应存在一定的相似性。长白山自然保护区高海拔样地和胜山自然保护区样地红松体积生长量和断面积生长量都受月平均气温和月平均最低气温影响非常大，与大部分月份的月平均气温和月平均最低气温呈显著或极显著正相关，说明低温是高纬度和高海拔地区红松生长的最重要的限制因子，这与陈力 [181] 和于健的研究结果相同 [120]。

不同之处主要表现为：一是，不同纬度样地红松体积生长量和断面积生长量对气候因子的响应存在纬度梯度差异。最南端的白石砬子自然保护区红松的体积生长量和断面积生长量受气温的影响要比降水的影响更大，尤其是当年4月的月平均气温和月平均最低气温以及上一年5月和当年5月的的月均最高气温和相对湿度影响很大。4月份属于本区域红松的生长季早期，4月份本区域红松开始高生长和径向生长 [62]，4月份月平均最低气温和月平均气温越高，越有利于土壤温度的提高，有利于根系恢复活力，加强根系的吸水和吸收营养物质的能力。并且，此时温度越高，越有利于红松进行光合作用，有利于高生长和直径生长，因此红松体积生长量与4月的气温呈显著正相关。5月份是本地区红松高生长和直径生长快速时期 [62]。1958—2011年的月均最高气温为18.1℃，红松径向生长和高生长都比较迅速，但是5月的降水量比较低，1958—2011年的平均月降水量为74.3 mm，月均相对湿度为63.5%，相对于快速生长所需消耗大量水分来说，此时的降水量还不是很充足。因此，如果此时白天的最高气温越高，势必会加大树木的蒸腾作用和土壤的水分的蒸发作用，也使空气相对湿度降低，影响到红松的体积生长量和断面积生长量，因此它们与上一年5月和当年5月的月均最高气温呈显著负相关，与月均相对湿度呈显著正相关。长白山自然保护区低海拔样地红松的体积生长量与降水量、月平均相对湿度、PDSI以及月平均和月平均最低气温的相关性都比较大，尤其受月平均最低气温影响很大，研究的19个月份中，与所有月份的月平均最低气温都呈正相关，与其中10个月的相关性达显著水平。受平均最高气温的影响相对较小，除了与当年6月的月平均气温呈显著负相关外，其他月份的相关性值都未达显著水平。月平均气温对本地红松体积生长量的影响主要是通过夜间的气温影响而形成的，夜间气温越高，越有利于红松体积生长量的增加。另外，水分因子也是影响本区域红松生长的主要气候因子，当年6月降水量越高、月平均最高气温越低、PDSI和月均相对湿度越高，越有利于本地红松的生长。凉水自然保护区样地红松的体积生长量和断面积生长量主要受生长季的气候因子影响，尤其是当年6月和7月份的气候因子，6月和7月是本区域红松高生长和径向生长非常快速的时期，6月白天的最高气温加快了红松水分的消耗和土壤的水分蒸发，造成植物缺少，而 6 月的降水量相对于快速生长对水分的需求量来说又不是特别充足，很容易造成树木缺水，影响树木生长。7 月份虽然温度比 6 月份更高，但 7 月降水量要更充足，只要相对湿度和 PDSI 不是特别低，基本能满足红松生长的需求。因此，本地区红松的生长对 6 月的月平均最高气温非常敏感，呈显著负相关，与 6 月的降水量呈显著正相关，与 6 月和 7 月的月平均相对湿度和 PDSI 呈显著正相关。最北端的胜山自然保护区样地红松的体积生长量主要与气温因子相关显著，尤其是月平均最低气温和月平均气温影响非常大，说明高寒地区影响红松生长的主要限制因子是低温。此研究结果与学者对此区域红松年轮宽度的研究结果一致 [48,155]。温度过低，会直接伤害红松的根、径、叶等器官，影响到红松的高生长和直径生长。

二是，三个不同海拔高度红松体积生长量和断面积生长量对气候因子的响应也存在较大差异。低海拔样地红松对生长季最高气温非常敏感，呈显著负相关，而中海拔和高海拔的相关性很低；低海拔和中海拔样地红松对生长季降水量非常敏感，呈显著正相关，而高海拔虽然也呈正相关，但相关性不显著；此外，低海拔和中海拔样地红松生长对生长季和生长季末期的 PDSI 也非常敏感，呈显著正相关，而高海拔相关性很低。高海拔样地受上一年和当年季平均最低气温和季平均气温影响很大，与全部季节的季节最低气温呈极显著正相关，与大部分季节的季平均气温呈显著或极显著正相关，低海拔样地对季平均最低气温和季平均气温的也比较敏感，而中海拔样地虽然也与季平均最低气温和季平均气温都呈正相关，但并不显著。这些说明，低海拔红松生长受生长季的高温和水分以及每个季节的最低气温影响比较大，中海拔样地红松生长受生长季的水分因子（降水和 PDSI）影响较大，而高海拔样地受低温影响较大。这与很多学者关于高海拔样地的研究一致，树木上限地区很多植物都受低温影响 [38]。相对于水分因子来说，高海拔地区植物生长更大程度上受到植物对于有机物合成能力的影响 [277]。树木生长期时，低温是影响光合作用效率的一个很重要的生态因子，它通过降低叶片光合作用效率，从而抑制树木的生长。树木处于休眠期的冬季，虽然低温不会影响光合效率，但是过低的温度会直接对树木造成冻害，影响树木来年的生长。因此，高海拔地区低温是影响红松生长的非常关键的生态因子。

7.4.3 红松体积生长量和断面积生长量与年轮宽度的关系

1970 年至 2011 年，四个不同纬度和三个不同海拔高度红松样地红松的体积生长量和断面积生长量的年际变化趋势与年轮宽度指数的变化趋势一致（见第 3 章和第 4 章），说明三者都能反映红松生长的变化趋势。

但是红松的体积生长量、断面积生长量和年轮宽度指数对气候因子的响应存在一些差异。具体表现如下：各个样地红松的体积生长量对上一年的气候因子的敏感性要高于断面积生长量和年轮宽度对气候因子的敏感性。主要由于红松的体积生长量反映的是材积的积累情况，是三维尺度的累积，不仅受径向生长的影响，也受高生长的影响；断面积生长量只是径向生长的一个二维尺度的反映，只受径向生长的影响，但相对于年轮宽度来说，能更全面地反映径向生长的状况；年轮宽度纯粹只是反映径向生长的一维尺度上的指标，仅受径向生长的影响。而红松当年高生长与上一年气候因子关系非常密切，在生长季早期的高生长中，红松主要受上一年累积的营养成份息息相关；红松径向生长所需的营养更多地是来源于当年光合作用的积累，因此当年的气候因子对径向生长影响更大 [62]。

8、9 月的气候因子对红松体积生长量和断面积生长量的影响比对年轮宽度的影响更大。同时，体积生长量对气候因子的敏感性大于断面积生长量。8、9 月份是红松晚材形成的关键时期，同时 8、9 月是红松顶芽形成和发育时期，顶芽形成时的条件决定顶芽生长的长度，而秋季顶芽生长的长度与第二年高生长又是呈正相关。同时，此时积累的有机物质对第二年的高生长影响非常大。因此，8、9 月份的气候因子对红松生长量的影响比较大。如长白山自然保护区低海拔样地红松的体积生长量与上一年 9 月和当年 9 月的月平均气温分别呈显著和极显著正相关，而断面积生长量和年轮宽度指数只与当年 9 月的月平均气温呈显著正相关；长白山自然保护区高海拔样地红松的体积生长量和断面积生长量与上一年 8 月和 9 月以及当年 9 月的月平均气温呈显著或极显著正相关，而年轮宽度指数不同纬度不同海拔红松体积生长量和断面积生长量对气候因子的响应只与当年 9 月的月平均气温呈极显著正相关；长白山自然保护区低海拔样地红松体积生长量与上一年 9 月和当年 9 月的月平均最低气温分别呈显著和极显著正相关，断面积生长量仅与当年 9

月的月平均最低气温呈显著正相关，而年轮宽度指数与这两个月份的最低气温的相关性都不显著；长白山自然保护区高海拔样地红松的体积生长量和断面积生长量与上一年 8 月和 9 月以及当年 9 月的月平均最低气温呈显著或极显著正相关，而年轮宽度指数与上一年 8 月的最低气温相关性不显著；长白山自然保护区低海拔样地红松生长量与上一年 8 月的相对湿度呈显著负相关、长白山自然保护区高海拔样地红松生长量与当年 9 月的月平均相对湿度呈显著负相关、凉水自然保护区红松生长量和断面积生长量与上一年 9 月的相对湿度呈显著正相关、胜山自然保护区红松生长量和断面积生长量与上一年 8 月和当年 8 月和 9 月的月均相对湿度呈显著负相关，而这些样地的年轮宽度指数与这些月份的相对湿度的相关性都未达显著水平。

7.5　本章小结

本章系统研究了四个纬度梯度样地和三个海拔梯度样地红松生长量和断面积生长量的年际变化特征及其与气候因子的响应。结果表明：红松的体积生长量和断面积生长量值在纬度梯度上的差异较大，两者都是长白山自然保护区低海拔样地的值最高，胜山自然保护区样地次之，凉水自然保护区样地第三，而白石砬子自然保护区样地的最低。它们在海拔梯度上的差异也较大，近 50 年中都是低海拔样地值最高，中海拔样地次之，高海拔样地最低。

每个样地的红松体积生长量和断面积生长量这两个生长指标的变化趋势很相似，但具有较明显的纬度梯度差异。在纬度梯度上，这两个指标在四个样地的变化趋势有很大差异，近 50 多年，最南端的白石砬子自然保护区呈先升后降的趋势，中间纬度的长白山自然保护区低海拔区域和凉水自然保护区样地呈上下波动的趋势，最北端的胜山自然保护区样地呈极显著上升趋势。在海拔梯度上，这两个生长指标的变化趋势也存在诸多差异，低海拔区域和中海拔区域都是近 50 多年呈波动趋势，而高海拔样地红松近 50 多年呈极显著上升趋势。

每个样地的红松体积生长量和断面积生长量与月气候因子及季节气候因子的

相关性有很大的一致性，只有少数情况两者会存在一定差异。体积生长量对气候因子的敏感性大于断面积生长量。

不同纬度和不同海拔高度红松体积生长量和断面积生长量对月气候因子响应存在相似的地方，也存在不同的地方。相似之处主要表现为两个方面。一是，月平均最低气温对6个样地的红松体积生长量和断面积生长量的影响非常大，且呈正相关，尤其与高海拔和高纬度样地的影响非常大。二是，高海拔样地和高纬度样地这两个生长指标对气候因子的响应存在较大的相似性，低温是两个区域红松生长的最重要的限制因子。

不同之处同样表现为两个方面。一是，红松两个生长指标对气候因子的响应在纬度梯度上存在较大差异。最南端的白石砬子自然保护区受气温的影响要比降水的影响更大；长白山自然保护区低海拔样地受水分和气温因子影响都较大，尤其受月平均最低气温影响很大；凉水自然保护区主要受生长季的气候因子影响，尤其是当年6月和7月份的气候因子；最北端的胜山自然保护区样地红松的体积生长量主要与气温因子（尤其是月平均最低气温和月平均气温）相关显著。二是，两个生长指标与气候因子的响应在海拔梯度上也存在较大差异。低海拔地区主要受生长季的高温和水分以及每个季节的最低气温影响比较大，中海拔样地受生长季的水分因子（降水和PDSI）影响较大，而高海拔地区受低温影响较大。

6个样地红松的体积生长量和断面积生长量的年际变化趋势与年轮宽度指数的变化趋势一致。但是三者对气候因子的响应存在一些差异，主要表现为各个样地红松的体积生长量对上一年的气候因子的敏感性要高于断面积生长量和年轮宽度对气候因子的敏感性。8、9月的气候因子对体积生长量和断面积生长量的影响要比对年轮宽度的影响更大。

第8章 气候变化下不同纬度不同海拔红松生长趋势预测

8.1 引言

《Climate change 2014: synthesis report》公布，1880—2012 年，全球海陆表面平均温度呈线性上升趋势，升高了 0.85（0.65 至 1.06）℃；2003—2012 年时期的平均温度比 1850—1900 年时期的平均温度上升了 0.78（0.72 至 0.85）℃ [277]。在 1901—2012 年期间，全球几乎所有地区都经历了地表变暖的过程（图 8-1）[277]。自 1901 年以来，北半球中纬度陆地区域平均的降水可能已增加（在 1951 年之前为中等信度，之后为高信度）（图 8-2）[277]。气候变化对处于北半球中纬度的中国东北地区来说影响更显著（图 8-1），1901—2012 年期间中国东北地区气温上升非常显著，增温幅度显著高于中国全区平均增暖水平 [278]，也显著高于全球平均增温幅度。很多证据表明中国东北自 20 世纪 50 年代开始温度大幅度上升 [19]。气温快速上升造成 20 世纪 70 年代后中国东北地区气候向干暖趋势发展 [279]。

温度和水分是影响树木生长的最关键的两个生态因子。学者通过研究发现，树木年轮宽度和生长量能很好地反映和记录气候因子的变化 [277]。有证据表明当代全球气候变化已改变很多物种的物候及分布范围 [280]。在气候变化下，中国东北关于森林组成、存活、生长对于每年气候变化的响应的问题不断升温 [1]。阔叶红松林是中国东北地区非常重要的一种生态群落类型，是经过长时间演替进化而形成的地带性群落，具有很重要的生态、经济和社会价值 [62]。在气候变化显著的近几

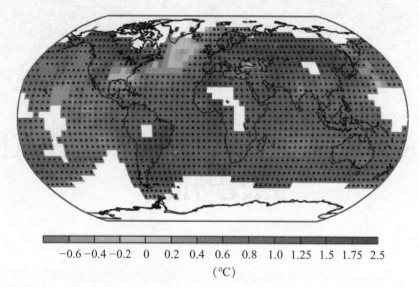

-0.6 -0.4 -0.2　0　0.2　0.4　0.6　0.8　1.0　1.25　1.5　1.75　2.5

（℃）

注：白色区域为数据不完整或丢失的区域。凡是趋势达到10%显著性的格点均用"+"号表示。

图 8-1　观测到的地表温度变化（1901—2012 年）[277]

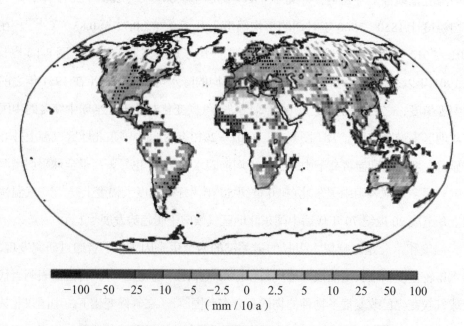

-100 -50 -25 -10　-5　-2.5　0　2.5　5　10　25　50　100

（mm / 10 a）

图 8-2　观测到的陆地年降水量的变化（1901—2012 年）[277]

十年，阔叶红松林的生产力和分布动态一直是人们关注的问题。当前一些森林演替模型预测气候变暖东北主要针叶树的分布将向北和向高纬度移动 [23,41,139,145,150]。如果这些模型是对的，那么这些变化在森林组成和结构上会有所反应，同时在群落的优势树种的径向生长上也能有所反应 [1]。红松作为阔叶红松林的建群种，它的动态变化能一定程度反映出阔叶红松林的动态变化。有部分学者分析了红松生长与气候因子的关系，但很多都集中于长白山进行研究 [25,41,53,126,179-183]，气候变化之后中国整个阔叶红松林分布区的红松生长的动态还不是特别清楚。原始红松分布区比较广泛，在中国东北地区不同纬度和不同海拔都有分布，不同纬度红松的生长动态对气候变化的响应是否一致？不同海拔高度红松的生长动态对气候变化的响应是否一致？红松生长在纬度梯度和海拔梯度上的变化趋势是否有关联？

为了全面深入探讨气候变化背景下红松生长的变化趋势，了解不同纬度、不同海拔高度红松对气候变化响应的差异，本文选择原始阔叶红松林分布区内从南到北的四个不同纬度样地和长白山自然保护区内三个不同海拔高度样地，研究不同纬度和不同海拔红松生长对气候变暖的响应。为了弥补年轮宽度单一指标的缺陷，本研究选择了年轮宽度、树木断面积生长量和树木体积生长量三个指标进行研究，用以相互比较和验证研究结果。

8.2　研究方法

8.2.1　样品采集与处理及年表建立

2012 年 9 月~10 月，在中国东北原始阔叶红松林分布区，按纬度从南到北选四个以阔叶红松林为保护对象的国家级自然保护区为样地。在四个原始阔叶红松林内设置四个纬度梯度样地，在长白山自然保护区内不同海拔高度设置三个海拔梯度样地。样地特征见表 2-2。样本采集与处理及年表建立方法见第 2 章的 2.3 节和 2.4 节。红松体积生长量和断面积生长量测定及计算方法见第 7 章的 7.2。

8.2.2　气象资料

分别选取与 6 个样地最近的宽甸气象站（海拔 260.1 m）、松江气象站（海拔 591.4 m）、伊春气象站（海拔 240.9 m）和孙吴气象站（海拔 234.5 m）的月降水量、月均相对湿度、月平均气温、月平均最高和最低气温，此数据来自中国气象科学数据共享网服务网（http://cdc.cma.gov.cn）。鉴于气象站海拔高度与样地海拔高度存在差异，根据海拔每上升 100 m 气温下降 0.6℃的一般规律计算样地气温[175]，得出 6 个样地月平均气温、月平均最高和最低气温。月降水量、月平均相对湿度数据直接采用气象站数据。

为了预测不同气候变化情景下阔叶红松林变化动态，收集了《气候变化 2014：综合报告 2014》[1] 和《东北区域气候变化评估报告决策者摘要及执行摘要（2012）》[178] 两本权威气候评估报告。

8.2.3　数据处理与分析

采用 Spss19.0 软件进行逐步回归分析（$\alpha=0.05$）和趋势预估。

由于 1970—1977 年（20 世纪 70 年代中后期前后）为太平洋十年涛动（Pacific Decadal Oscillation，PDO）冷暖位相转换期，处于发展阶段的厄尔尼诺（El Niño-Southern Oscillation，ENSO）事件引起的夏季降水异常，东北地区夏季降水量由偏多变为偏少，东北夏季气温由偏冷变为偏暖[281]；加之自 1970 年以来，源于化石燃料的燃烧、水泥生产产生 CO_2 累积排放量增加了两倍，而来自森林和其他土地利用（FOLU）的 CO_2 累积排放量增加了约 40%。总年度人为 GHG 排放在 1970 至 2010 年间持续增加，1750—2011 年期间的总人为辐射强迫计算的变暖效应为 2.3（1.1 至 3.3）W/m²，自 1970 年以来其增加速率比之前的各个年代更快[277]。这些因素都直接表现为 1970 年后中国东北地区气温显著升高[1]，因此本章将重点分析 1970—2011 年不同样地红松三个生长指标的变化趋势，红松三个生长指标与气候因子的关系，根据 1970—2011 年红松生长指标与气候因子的关系预测将来红松生长的变化趋势。

8.3　结果分析

8.3.1　年均气候因子年际变化情况

8.3.1.1　白石砬子自然保护区

白石砬子自然保护区各气候因子的年均值在 1954 年有气象数据记录以来一直处于波动状况（图 8-3）。1954—2011 年，年平均气温的变化范围在 2.1℃至 5.2℃之间，最大年际差为 3.1℃；年均最高气温的变化范围在 8.0℃至 11.3℃之间，最大年际差为 3.4℃；年均最低气温的变化范围在 -1.6℃ ~ 3.4℃之间，最大年际差为 5.0℃；年降水量呈波动性变化变化，变化范围为 588.8 ~ 1815.0 mm，最大年际差为 1 226.2 mm。年平均相对湿度的变化范围为 65.5% ~ 76.6%，最大年际差为 11.1%。1956 年平均气温和年平均最高气温都为 58 年以来最低值。1998 年的年平均气温、年平均最高和最低气温都为历史最高值。

1970 年以来气温上升比较明显，图 8-3 显示了 1970 年后白石砬子自然保护区的年平均气温、年均最高和最低气温都呈极显著上升趋势，分别以 0.36℃ •(10a)⁻¹、0.30℃ •(10a)⁻¹ 和 0.48℃ •(10a)⁻¹ 的速度上升；年降水量和年均相对湿度变化不显著；帕尔默干旱指数（PDSI）极显著下降。气温上升，但降水量未显著增加，造成本区域干旱指数越来越严重，说明此区域的干旱主要是由于气温上升造成的。

8.3.1.2　长白山自然保护区

长白山自然保护区三个不同海拔样地的气候因子都来自于松江气象站。三个海拔高度的气温是根据高差与气温的关系从松江气象站的气温转换过来的，而降水、相对湿度是直接采用的松江气象站的数据。长白山自然护区的各项气候因子从 1958 年至 2011 年的值变化情况如图 8-4 所示。1958 年至 2012 年，长白山自然保护区的气温缓慢上升。低海拔区域的气温最高，中海拔次之，高海拔最低。三个海拔的年平均气温的变化范围分别为 0.2℃ ~ 3.9℃、-1.5℃ ~ 2.1℃、-3.1℃ ~ 0.6℃，最大年际差为 3.7℃；三个海拔的年均最高气温的变化范围分别为 8.0℃ ~ 11.5℃、6.3℃ ~ 9.7℃、4.7℃ ~ 8.2℃，最大年际差为 3.4℃；三个海拔的年均最低气温的变化范围分别为 -6.9℃ ~ -2.3℃、-8.7℃ ~ -4.1℃、-10.2℃ ~ -5.6℃，最大年际差

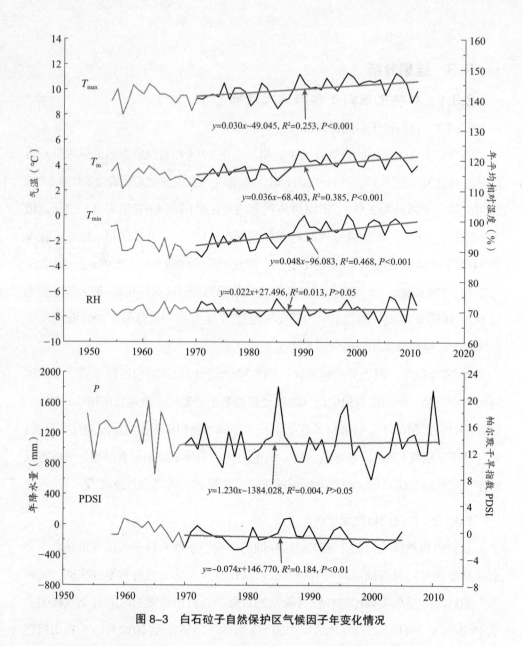

图 8-3　白石砬子自然保护区气候因子年变化情况

为 4.6℃；2007 年的年平均气温和年均最低气温都是 55 年以来最高的。年降水量呈波动性变化变化，变化范围为 459.2～920.6 mm，最大年际差为 461.4 mm。年平均相对湿度的变化范围为 65.0%～76.4%。

　　1970 年以来各气候因子变化趋势线显示三个海拔区域 1970 年以来年平均气温、年均最低气温分别以 0.53℃•(10a)⁻¹ 和 0.80℃•(10a)⁻¹ 的速度显著上升，年均最高气温呈不显著上升趋势；相对湿度以每年 0.1% 的速度极显著下降；年降水量和 PDSI 都呈不显著变化趋势（图 8-4）。

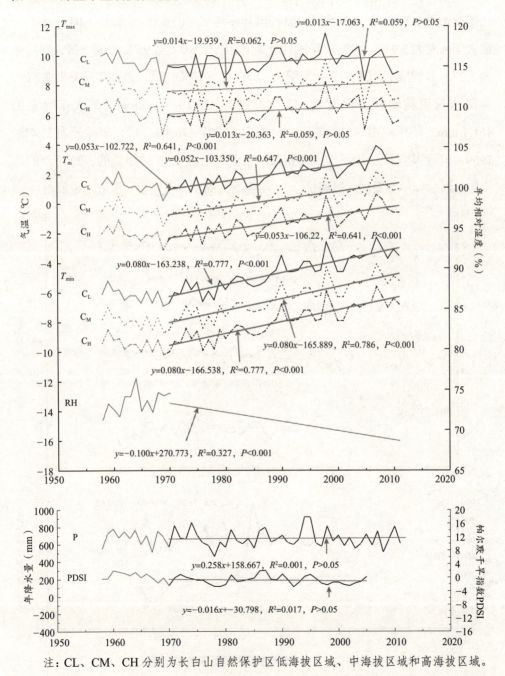

注：CL、CM、CH 分别为长白山自然保护区低海拔区域、中海拔区域和高海拔区域。

图 8-4　长白山自然保护区气候因子年变化情况

8.3.1.3 凉水自然保护区

凉水自然保护区各气候因子的年均值在 1956 年有气象数据记录以来的年际变动情况如图 8-5 所示。1956 年至 2011 年,年平均气温的变化范围为 −1.0℃ ~ 1.9℃,最大年际差为 2.9℃;年均最高气温的变化范围在 6.0℃ 至 9.2℃ 之间,最大年际差为 3.2℃;年均最低气温的变化范围在 −8.0℃ ~ −4.7℃ 之间,最大年际差为 3.3℃;年降水量呈波动性变化变化,变化范围为 459.2 ~ 920.6 mm,最大年际差为 461.4 mm。年平均相对湿度的变化范围为 65.0% ~ 76.4%,最大年际差为 11.4%。1969 年年平均气温、年平均最高和最低气温都是近 56 年中最低的。2007 年的年平均气温、年平均最高气温都是近 57 年中的最高值,平均相对湿度是最低值。

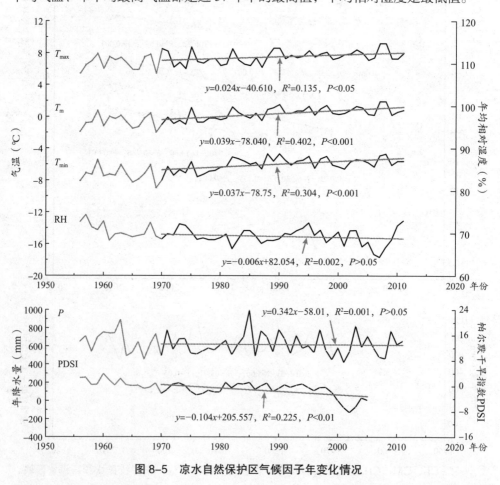

图 8-5 凉水自然保护区气候因子年变化情况

1970 年以来气温上升比较明显，1970 年至 2011 年气温变化趋势线显示凉水自然保护区的年平均气温、年均最低气温近 40 年都呈极显著上升趋势，年均最高气温显著上升，三者的上升速率分别为 0.39℃ •(10a)$^{-1}$、0.37℃ •(10a)$^{-1}$ 和 0.24℃ •(10a)$^{-1}$；年降水量呈不显著变化趋势。气温显著上升，降水量未显著降低，PDSI 呈极显著下降，干旱越来越严重，说明造成本区域干旱越来越严重的主要原因是由于气温上升造成的（图 8-5）。

8.3.1.4　胜山自然保护区

胜山自然保护区的气象数据的年变化情况如图 8-6 所示，各气候因子年际间波动较大。年平均气温的变化范围在 −5.1℃ ~ 0℃ 之间，最大年际差为 5.1℃；年均最高气温的变化范围在 2.7℃ ~ 7.1℃ 之间，最大年际差为 4.4℃；年均最低气温的变化范围在 −12.8℃ ~ −6.7℃ 之间，最大年际差为 6.1℃；年降水量的变化范围为 337.0 ~ 767.5 mm，最大年际差为 430.5 mm。年平均相对湿度的变化范围为 65.8% ~ 76.8%，最大年际差为 10.9%。1969 年年平均气温、年平均最高气温都是近 58 年中最低的；而 2007 年的年平均气温、年平均最高气温都是近 58 年中最高的，年降水量是 58 年中最低的。

1970 年以来胜山自然保护区气温上升比较明显，1970 年至 2011 年的变化趋势线显示胜山自然保护区的年平均气温、年均最高和最低气温近 40 年都呈极显著上升趋势，三者分别以 0.73℃ •(10a)$^{-1}$、0.32℃ •(10a)$^{-1}$ 和 1.20℃ •(10a)$^{-1}$ 的速度上升；年均相对湿度呈极显著下降趋势，年降水量、PDSI 无显著性变化趋势（图 8-6）。

8.3.1.5　6 个样地气候因子年际变化的异同

6 个样地的气候因子的年际变化规律有些相似，也有些不同。相同之处表现在以下方面：1970—2011 年间，6 个样地中，除长白山自然保护区三个海拔样地的年平均最高气温上升不显著外，其他各项气温因子都呈显著或极显著上升趋势。年平均气温、平均最低和最高气温这三个气温因子中，5 个样地都是年平均最低气温的上升幅度最大（凉水自然保护区除外），显著高于其他两个气温因子，6 个样地都是月平均最高气温上升幅度最低，说明近 40 年，夜间增温非常显著。6 个样

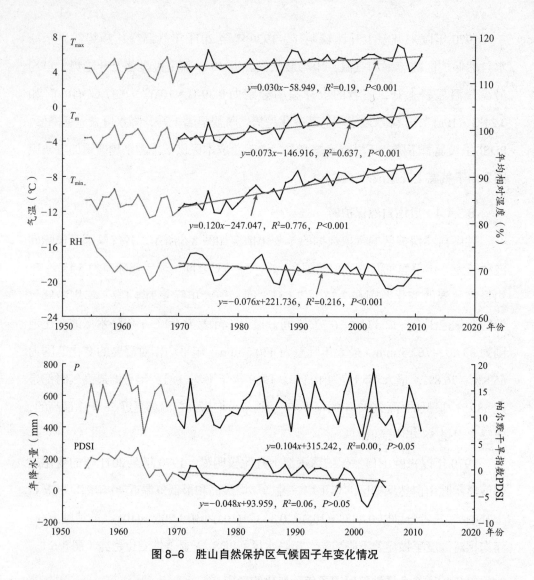

图8-6　胜山自然保护区气候因子年变化情况

地的年降水量变化都不显著。

　　不同之处在于：最北端的胜山自然保护区的气温上升幅度最显著，三个气温因子的上升幅度都是 6 个样地中上升幅度最大的。年平均气温上升幅度最低的是白石砬子自然保护区，年平均最高气温上升幅度最低的是长白山自然保护区，年平均最低气温上升幅度最低的是凉水自然保护区。所有样地的所有气温因子中，胜山自然保护区的年平均最低气温上升速率最大，达 $1.20℃ \cdot (10a)^{-1}$。白石砬子自然保护区和凉水自然保护区的 PDSI 呈显著下降趋势，其他样地的 PDSI 变化不显著；长白山自然保护区和胜山自然保护区的年平均相对湿度呈显著下降趋势，其他几个样地的年平均相对湿度变化不显著。

表8-1 6个样地气候因子年际变化情况

样地		年平均气温（℃）	年平均最高气温（℃）	年平均最低气温（℃）	年均相对湿度（%）	年降水量（mm）	PDSI
白石砬子自然保护区	均值	3.8	9.9	−1.7	70.6	1 106.6	−0.7
	最小值	2.1	8.0	−3.4	65.5	588.8	−7.7
	（年）	（1956）	（1956）	（1965）	（1989）	（2000）	（2001）
	最大值	5.2	11.3	0.1	76.6	1 815.0	2.6
	（年）	（1998）	（1998）	（1998）	（2010）	（1985）	（1964）
	年际最大差	3.1	3.4	3.5	11.1	1226.2	10.3
长白山自然保护区低海拔区域	均值	1.9	9.6	−5.0	71.5	674.7	−0.5
	最小值	0.2	8.0	−6.9	65.0	459.2	−2.8
	（年）	（1969）	（1969）	（1969）	（2008）	（1978）	（1992）
	最大值	3.9	11.5	−2.3	76.4	920.6	2.1
	（年）	（2007）	（1998）	（2007）	（1964）	（1994）	（1987）
	年际最大差	3.7	3.4	4.6	11.4	461.4	4.9
长白山自然保护区中海拔区域	均值	0.1	7.9	−6.7	71.5	674.7	−0.5
	最小值	−1.5	6.3	−8.7	65.0	459.2	−2.8
	（年）	（1969）	（1969）	（1969）	（2008）	（1978）	（1992）
	最大值	2.1	9.7	−4.1	76.4	920.6	2.1
	（年）	（2007）	（1998）	（2007）	（1964）	（1994）	（1987）
	年际最大差	3.7	3.4	4.6	11.4	461.4	4.9
长白山自然保护区高海拔区域	均值	−1.4	6.3	−8.3	71.5	674.7	−0.5
	最小值	−3.1	4.7	−10.2	65.0	459.2	−2.8
	（年）	（1969）	（1969）	（1969）	（2008）	（1978）	（1992）
	最大值	0.6	8.2	−5.6	76.4	920.6	2.1
	（年）	（2007）	（1998）	（2007）	（1964）	（1994）	（1987）
	年际最大差	3.7	3.4	4.6	11.4	461.4	4.9

样地		年平均气温（℃）	年平均最高气温（℃）	年平均最低气温（℃）	年均相对湿度（%）	年降水量（mm）	PDSI
凉水自然保护区	均值	0.1	7.3	−6.3	69.7	631.3	−0.7
	最小值	−2.0	5.4	−9.0	64.4	421.0	−8.3
	（年）	（1969）	（1969）	（1969）	（2007）	（2001）	（2002）
	最大值	1.9	9.2	−4.7	74.3	995.5	3.9
	（年）	（2007）	（2007）	（2008）	（1957）	（1985）	（1960）
	年际最大差	3.9	3.8	4.3	9.9	574.5	12.2
胜山自然保护区	均值	−2.7	4.8	−9.7	70.2	539.7	−0.6
	最小值	−5.1	2.7	−12.8	65.8	337.0	−7.2
	（年）	（1969）	（1969）	（1965）	（2006）	（2007）	（2002）
	最大值	0.0	7.1	−6.7	76.8	767.5	3.9
	（年）	（2007）	（2007）	（2008）	（1954）（1955）	（2003）	（1963）
	年际最大差	5.1	4.4	6.1	10.9	430.5	11.2

8.3.2　近40年红松年轮宽度变化动态

从第3章、第4章和第7章的研究结果可知，红松每年的年轮宽度、体积生长量和断面积生长量都与气温因子和水分因子关系密切。那么随着全球气温的升高，不同区域红松的生长会发生怎样的变化呢？

从图8-7可以看出，近40年中，4个不同纬度样地红松年表的变化趋势存在较大差异。最南端的白石砬子自然保护区红松的标准年表指数在1970—2011年之间呈极显著下降趋势，下降幅度为0.038•a^{-1}，而最北端胜山自然保护区红松标准年表指数在1970—2011年之间呈极显著上升趋势，上升幅度为0.007•a^{-1}，处于中间纬度的长白山自然保护区低海拔区域和凉水自然保护区的红松的标准年表变化趋势不显著，两者分别成不显著上升趋势和不显著下降趋势。

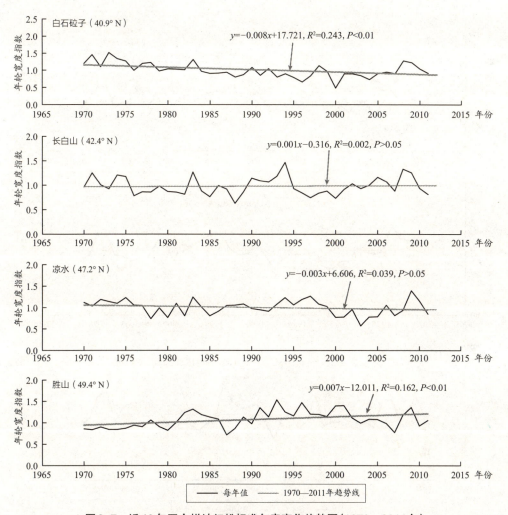

图8-7　近40年四个样地红松标准年表变化趋势图(1970—2011年)

在气温显著上升的 1970—2011 年，长白山自然保护区三个不同海拔高度样地的红松的变化趋势差异很显著（图 8-8），高海拔样地红松的年轮指数呈显著上升趋势，上升幅度为 0.004·a^{-1}，而中海拔和低海拔样地的红松年轮指数在近 40 年变化不显著。

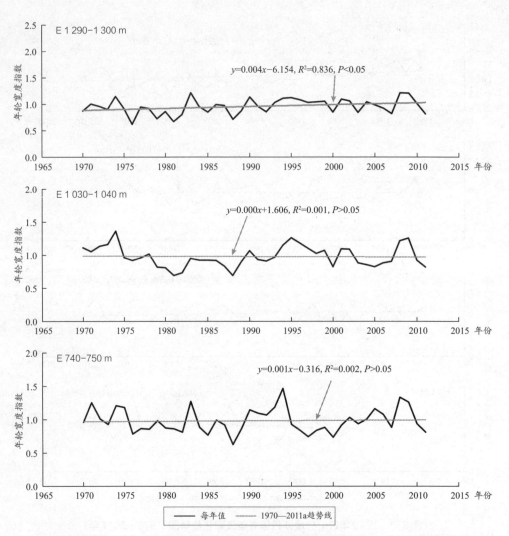

图 8-8　近 40 年三个海拔高度样地红松标准年表变化趋势图（1970—2011 年）

8.3.3　近 40 年红松体积生长量和断面积生长量变化动态

8.3.3.1　红松体积生长量变化动态

从图 8-9 可以看出，在气温上升显著的 1970 年至 2011 年期间，与红松年轮宽度一样，四个不同纬度样地红松的体积生长量变化趋势有很大差异，最南端的白石砬子自然保护区的红松体积生长量呈极显著下降趋势，每棵红松体积生长量每年下降幅度为 0.162 dm³；中间纬度的长白山自然保护区低海拔区域样地和凉水自然保护区样地红松分别呈不显著上升趋势和不显著下降趋势；最北端的胜山自然保护区样地红松体积生长量呈极显著上升趋势，每棵红松体积生长量每年上升幅度为 0.538 dm³。

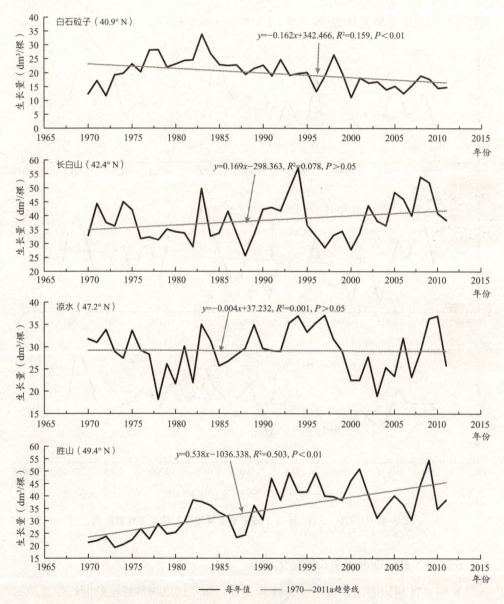

图 8-9　1970—2011 年 4 个纬度样地红松体积生长量序列

从图 8-10 可以看出，在气温上升显著的 1970 年至 2011 年期间，长白山自然保护区三个不同海拔高度样地红松的体积生长量变化趋势也存在较大差异。低海拔区域和中海拔区域样地红松近 40 年的体积生长量都呈不显著上升趋势；而高海拔样地红松呈极显著上升趋势，每棵红松体积生长量每年上升幅度为 0.187 dm^3。

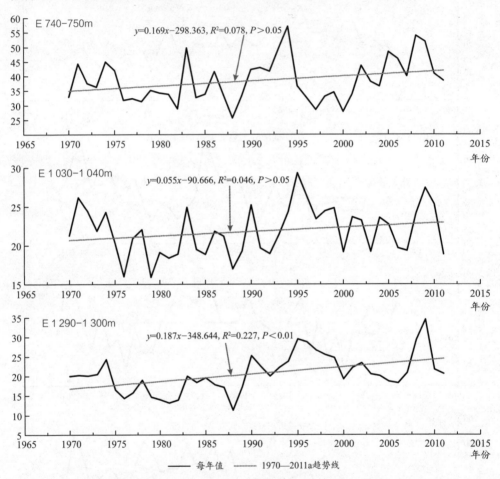

图 8-10　1970—2011 年 3 个海拔高度样地红松体积生长量序列

8.3.3.2　红松断面积生长量变化动态

从图 8-11 可以看出，1970—2011 年期间，每个纬度样地红松断面积生长量的变化趋势与体积生长量变化趋势很相似。四个不同纬度样地之间有较大差异，最南端的白石砬子自然保护区的红松断面积生长量呈极显著极下降趋势，每棵红松断面积生长量每年下降幅度为 0.231 cm²；中间纬度的长白山自然保护区低海拔区域样地和凉水自然保护区样地红松分别呈不显著上升趋势和不显著下降；最北端的胜山自然保护区样地红松呈极显著上升趋势，每棵红松断面积生长量每年上升幅度为 0.341 cm²。

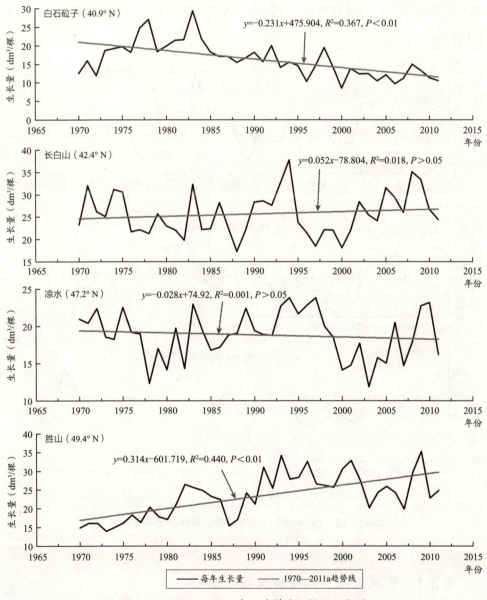

图 8-11　1970—2011 年 4 个纬度红松 BAI 序列

从图 8-12 可以看出，1970—2011 年期间，每个样地红松断面积生长量的变化趋势与体积生长量变化趋势很相似。三个不同海拔高度样地红松断面积生长量变化趋势有较大差异，长白山自然保护区低海拔区域样地断面积生长量呈不显著上升趋势；中海拔样地红松的断面积生长量也是呈不显著上升趋势；而高海拔样地红松的断面积生长量呈极显著上升趋势，每棵红松断面积生长量每年上升幅度为 0.104 cm^2。

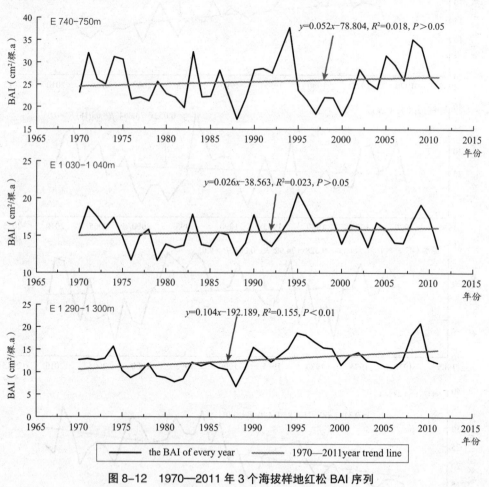

图 8-12　1970—2011 年 3 个海拔样地红松 BAI 序列

8.3.4　气候变化下红松生长趋势预测

从 8.3.2 和 8.3.3 可知，高纬度的胜山自然保护区和长白山自然保护区的高海拔地区的红松的年轮宽度、体积生长量、断面积生长量在 1970—2011 年期间显著上升，而低纬度的白石砬子自然保护区的红松的年轮宽度、体积生长量、断面积生长量在 1970—2011 年期间显著下降。而其他样地各生长指标变化不显著。在气候变化的将来，这种变化趋势是否将长期维持？本节通过深入分析红松各生长指标与气温和降水因子的关系，根据权威部门对气候因子的预估结果，预测将来不同气候变化情景下红松各生长指标的变化趋势。

8.3.4.1　红松生长—逐月气候因子关系的模拟

为了进一步深入了解 1970—2011 年期间逐月气候因子对各样地红松生长的影响，为预测不同气候变化情景下红松各生长指标的变化趋势提供依据，采用逐步回归分析的方法，将各样地红松的年轮宽度、体积生长量、断面积生长量分别与 1970—2011 年期间的逐月月平均气温、月平均最高和最低气温、月总降水量四个气候因子进行线性回归，得出 6 个样地红松的年轮宽度、体积生长量、断面积生长量与当地月气候因子的回归关系。

胜山自然保护区：

$RWI_{ss} = 2.092 + 0.053T_{minp10} - 0.057T_{m6} + 0.049T_{min4} - 0.024T_{max1} + 0.001P_{p7}$

（$N = 41$，$r = 0.760$，$R^2 = 0.578$，$R^2_{adj} = 0.519$，$p < 0.0001$）

$V_{ss} = -16.376 + 2.194T_{minp10} + 2.015T_{mp7} + 1.043T_{minp12} +$

$2.009T_{max5} - 0.642P_2 - 0.066P_{p5}$

（$N = 41$，$r = 0.879$，$R^2 = 0.772$，$R^2_{adj} = 0.733$，$p < 0.05$）；

$BAI_{ss} = -12.389 + 0.918Tm_{inp10} + 2.233T_{mp7} + 0.619T_{minp12} + 0.331T_{max5} + 0.045P_{p9}$

（$N = 41$，$r = 0.839$，$R^2 = 0.703$，$R^2_{adj} = 0.662$，$p < 0.05$）。

其中，RWI_{ss}、V_{ss}、BAI_{ss} 分别指胜山自然保护区红松年轮宽度指数、体积生长量和断面积生长量。T_{minp10}、T_{minp12} 分别指上一年 10 月和上一年 12 月的月平均最低气温，T_{min4} 指当年 4 月的月平均最低气温，T_{m6} 和 T_{mp7} 分别指当年 6 月和上一年 7 月的月平均气温，T_{max1}、T_{max5} 分别指当年 1 月和 5 月的月平均最高气温，P_{p5}、P_{p7}、P_{p9}、P_2 分别指上一年 5 月、7 月、9 月和当年 2 月的月降水量。

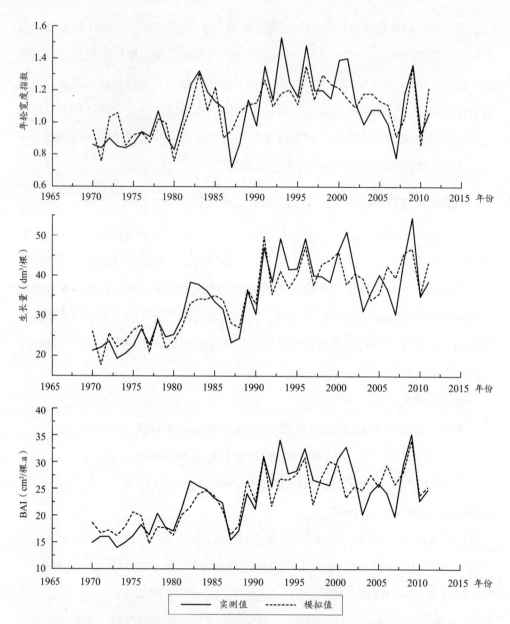

图 8-13　胜山自然保护区红松生长指标模拟值（虚线）与实测值（实线）相关趋势

　　从图 8-13 可以看出，模拟值与实测值的拟合情况较好。逐步回归分析的结果显示，1970—2011 年间，影响胜山自然保护区红松的三个生长指标的气候因子有同也有异。相同之处在于，上一年 10 月的月平均最低气温是影响胜山自然保护区红松生长的三个指标的最关键的气候因子，此时的气温越高，越有利于红松的生长。

不同之处有两个方面，一是影响红松体积生长量和断面积生长量的关键气温因子相同，但与年轮宽度的影响因子有差异。上一年 7 月的月平均气温、上一年 12 月的月平均最低气温和当年 5 月的月平均最高气温都与红松体积生长量和断面积生长量呈正相关；而影响年轮宽度指数的气候因子主要是当年的 6 月的月平均气温、当年 1 月的月平均最高气温，两者呈负相关；此外年轮宽度还与当年 4 月的月平均最低气温呈正相关。二是，三个生长指标与水分因子的关系各不相同。上一年 7 月的降水量与年轮宽度呈正相关；当年 2 月的降水量和上一年 5 月的降水量与体积生长量呈负相关；上一年 9 月的降水量与断面积生长量呈正相关。

凉水自然保护区：

RWI_{ls}=2.284 − 0.033T_{max6} − 0.053T_{mp5}+0.001P_{p6}（N=41，r=0.583，R^2=0.340，R^2_{adj}=0.288，p < 0.01）

V_{ls}=42.013+0.051P_{p9} − 0.687T_{max6}（N=41，r=0.478，R^2=0.228，R^2_{adj}=0.188，p < 0.01）

BAI_{ls}=27.630+0.034P_{p9} − 0.469T_{max6}（N=41，r=0.504，R^2=0.254，R^2_{adj}=0.215，p < 0.01）

其中，RWI_{ls}、V_{ls}、BAI_{ls} 分别指凉水自然保护区红松年轮宽度指数、体积生长量和断面积生长量。T_{max6} 是当年 6 月的月平均最高气温；T_{mp5} 指上一年 5 月的月平均气温；P_{p6} 和 P_{p9} 分别指上一年 6 月和上一年 9 月的月降水量。

从图 8-14 可以看出，模拟值与实测值的拟合情况较好。逐步回归分析的结果显示，1970—2011 年间，当年 6 月的月平均最高气温是影响凉水自然保护区红松生长的最关键气候因子，三个生长指标都与其呈显著负相关。此外，当年 9 月的降水量是影响本地区红松体积生长量和断面积生长量的另外一个关键气候因子，当年 9 月降水量越大，红松的体积生长量和断面积生长量越大。而上一年 5 月的月平均气温和上一年 6 月的月降水量是影响红松年轮宽度的关键气候因子，两个分别与红松年轮宽度指数呈显著负相关和显著正相关。

长白山自然保护区高海拔样地：

RWI_{Hcbs} = 0.542 + 0.063T_{m9} − 0.002P_{p4}（N = 41，r = 0.528，R^2 = 0.278，R^2_{adj} = 0.241，p < 0.01）

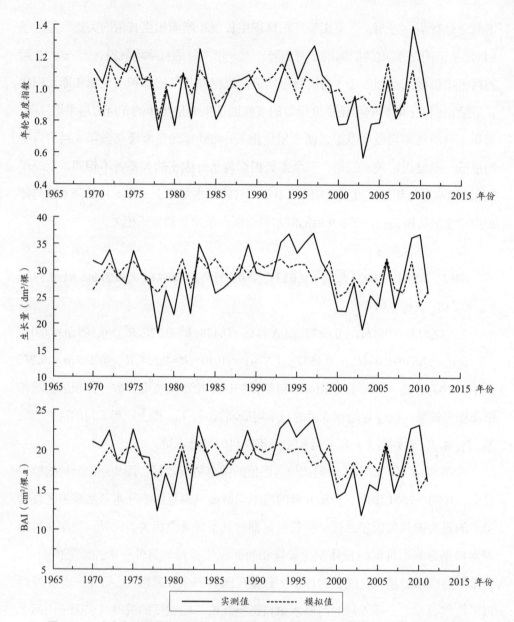

图 8-14 凉水自然保护区红松生长指标模拟值（虚线）与实测值（实线）相关趋势

$V_{Hcbs} = 43.625 + 1.431T_{minp10} + 0.046P_{p5} + 0.777T_{p12} - 0.073P_{p4}$（$N=41$，$r=0.736$，$R^2 = 0.542$，$R^2_{adj} = 0.492$，$p < 0.0001$）

$BAI_{Hcbs} = 25.621 + 0.941T_{minp10} + 0.031P_{p5} + 0.459T_{p12} - 0.044P_{p4} + 0.017P_{p9}$（$N = 41$，$r = 0.743$，$R^2 = 0.552$，$R^2_{adj} = 0.489$，$p < 0.0001$）

其中，RWI_{Hcbs}、V_{Hcbs}、BAI_{Hcbs} 分别指长白山自然保护区高海拔区域红松年轮宽度指数、体积生长量和断面积生长量。T_{m9} 是指当年 9 月的月平均气温；T_{minp10} 是指上一年 10 月的月平均最低气温；P_{p4}、P_{p5} 和 P_{p9} 分别指上一年 4 月、5 月和 9 月的月降水量。

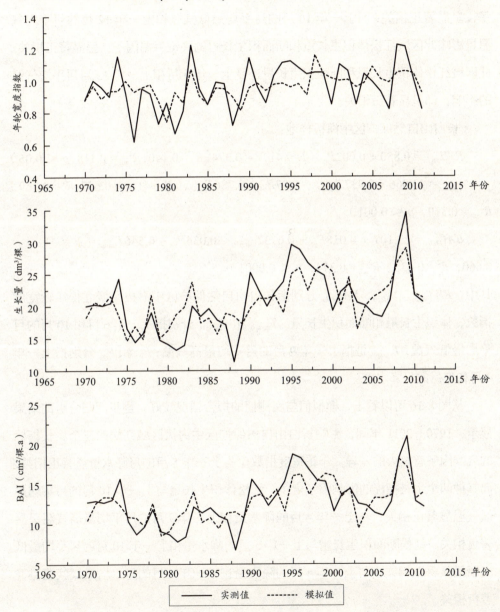

图 8-15　长白山自然保护区高海拔样地红松生长指标预测值（虚线）与实测值（实线）相关趋势

从图 8-15 可以看出，模拟值与实测值的拟合情况较好。逐步回归分析的结果显示，1970—2011 年间，影响长白山自然保护区高海拔区域红松的三个生长指标的气候因子有气温因子也有水分因子。三个生长指标都与上一年 4 月的降水量显著负相关。当年 9 月的月平均气温是影响此区域红松年轮宽度指数的关键气温因子，呈显著正相关；而上一年 10 月的月平均最低气温和上一年 12 月的月平均气温是影响此区域红松体积生长量和断面积生长量的关键气温因子，呈显著正相关。此区域红松体积生长量和断面积生长量还受上一年 5 月和上一年 12 月月平均气温的影响，都呈显著正相关。

长白山自然保护区中海拔样地：

$RWI_{Mcbs} = 0.850 + 0.002P_{p5}$（$N = 41$，$r = 0.374$，$R^2 = 0.140$，$R^2_{adj} = 0.118$，$p < 0.05$）

$V_{Mcbs} = 43.066 + 0.937T_{minp10} - 0.07P_{p4} - 0.786T_{maxp9}$（$N = 41$，$r = 0.607$，$R^2 = 0.369$，$R^2_{adj} = 0.319$，$p < 0.001$）

$BAI_{Mcbs} = 23.107 + 0.018P_{p5} + 0.673T_{minp10} - 0.036P_{p4} - 0.546T_{minp6}$（$N = 41$，$r = 0.660$，$R^2 = 0.435$，$R^2_{adj} = 0.374$，$p < 0.0001$）

其中，RWI_{Mcbs}、V_{Mcbs}、BAI_{Mcbs} 分别指长白山自然保护区中海拔区域红松年轮宽度指数、体积生长量和断面积生长量。T_{minp6} 和 T_{minp10} 分别指上一年 6 月和 10 月的月平均最低气温；T_{maxp9} 是指上一年 9 月的月平均最高气温；P_{p4} 和 P_{p5} 分别指上一年 4 月和 5 月的月降水量。

从图 8-16 可以看出，模拟值与实测值的拟合情况较好。逐步回归分析的结果显示，1970—2011 年间，影响长白山自然保护区中海拔区域红松的三个生长指标的气候因子有较大的差异。年轮宽度指数仅与上一年 5 月的月降水量显著正相关，而其他两个生长指标的影响因子更多。红松体积生长量与上一年 10 月的月平均最低气温显著正相关，与上一年 4 月的降水量和上一年 9 月的月平均最高气温呈显著负相关。红松断面积生长量与上一年 5 月的降水量和上一年 10 月的月平均最低气温呈显著正相关，与上一年 4 月的降水量和上一年 6 月的月平均最低气温呈显著负相关。

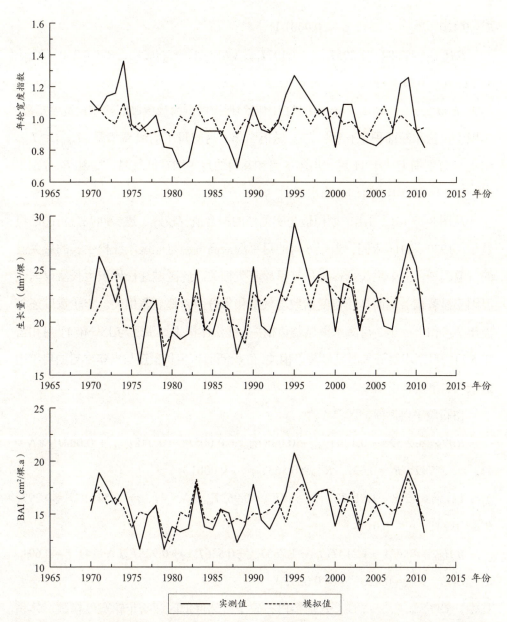

图 8-16　长白山自然保护区中海拔样地红松生长指标预测值（虚线）与实测值（实线）相关趋势

长白山自然保护区低海拔样地：

$RWI_{Lcbs} = 1.671 - 0.001P_{p7} - 0.052T_{max6} + 0.045T_9 + 0.001P_7$（$N = 41$，$r = 0.580$，$R^2 = 0.336$，$R^2_{adj} = 0.281$，$p < 0.001$）

$V_{Lcbs} = 97.181 + 0.993T_{minp11} - 0.038P_{p7} - 2.007T_{max6} + 1.553T_{min5}$（$N = 41$，$r = 0.648$，

$R^2 = 0.420$，$R^2_{adj} = 0.357$，$p < 0.0001$）

$BAI_{Lcbs} = 49.824 - 1.305T_{max6} + 1.197T_{min9}$（$N = 41$，$r = 0.510$，$R^2 = 0.260$，$R^2_{adj} = 0.222$，$p < 0.01$）

其中，RWI_{Lcbs}、V_{Lcbs}、BAI_{Lcbs} 分别指长白山自然保护区低海拔区域红松年轮宽度指数、体积生长量和断面积生长量。T_{max6} 是指当年 6 月的月平均最高气温；T_{minp11}、T_{min5} 和 T_{min9} 分别指上一年 11 月、当年 5 月和 9 月的月平均最低气温；P_{p7} 和 P_7 分别指上一年 7 月和当年 7 月的月降水量。

从图 8-17 可以看出，模拟值与实测值的拟合情况较好。逐步回归分析的结果显示，1970—2011 年间，当年 6 月的月平均最高气温是此区域红松生长的最关键的气温因子，三个生长指标都与其呈显著负相关。此区域红松体积生长量仅与气温因子显著相关，而年轮宽度指数与气温和水分两者都显著相关。年轮宽度还与当年 7 月和上一年 7 月降水量显著负相关；红松体积生长量还与上一年 11 月和当年 5 月的月平均最低气温呈显著正相关；红松断面积生长量还与当年 9 月的月平均最低气温呈显著正相关。

白石砬子自然保护区：

$RWI_{Bslz} = 2.525 - 0.124T_{max6} - 0.038T_{min2} + 0.005P_3 + 0.042T_{max4} + 0.004P_2$（$N = 41$，$r = 0.792$，$R^2 = 0.627$，$R^2_{adj} = 0.563$，$p < 0.0001$）

$V_{Bslz} = 61.268 - 1.614T_{mp9} - 1.558T_{m6} + 0.962T_{m4}$（$N = 41$，$r = 0.545$，$R^2 = 0.297$，$R^2_{adj} = 0.241$，$p < 0.01$）

$BAI_{Bslz} = 40.671 - 1.214T_{minp9} - 1.785T_{m6} - 0.536T_{min2} + 0.928T_{m4}$（$N = 41$，$r = 0.691$，$R^2 = 0.477$，$R^2_{adj} = 0.420$，$p < 0.0001$）

其中，RWI_{Bslz}、V_{Bslz}、BAI_{Bslz} 分别指白石砬子自然保护区红松年轮宽度指数、体积生长量和断面积生长量。T_{max6} 是指当年 6 月的月平均最高气温；T_{min2} 和 T_{min9} 分别指上一年 2 月和 9 月的月平均最低气温；T_{mp9}、T_{m4} 和 T_{m6} 分别指上一年 9 月、当年 4 月和 6 月的月平均气温；P_2 和 P_3 分别指当年 2 月和 3 月的月降水量。

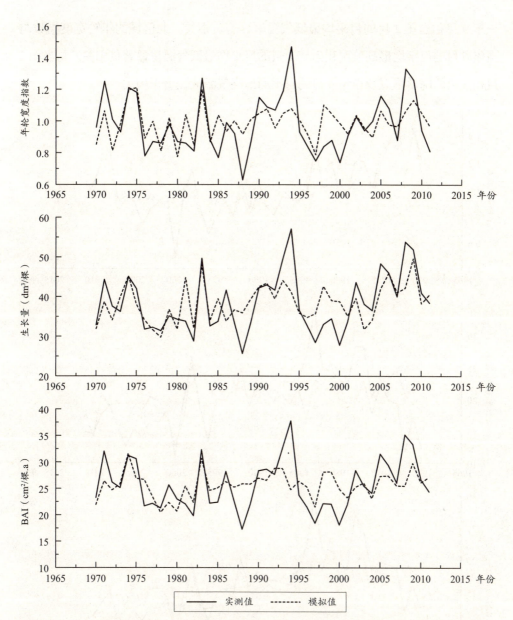

图 8-17　长白山自然保护区低海拔样地红松生长指标预测值（虚线）与实测值（实线）相关趋势

　　从图 8-18 可以看出，模拟值与实测值的拟合情况较好。逐步回归分析的结果显示，1970—2011 年间，影响红松体积生长量和断面积生长量的气候因子比较相似，它们都与当年 6 月的月平均气温呈显著负相关，与当年 4 月的月平均气温呈显著正相关；生长量还与上一年 9 月的月平均气温呈显著负相关；断面积生长量还与上一年 9 月和当年 2 月的月平均最低气温呈显著负相关。此区域的年轮宽度指数与当年 6 月的月平均最高气温和当年 2 月的月平均最低气温呈显著负相关，与当年 2 月和 5 月的降水量以及当年 4 月的月平均最高气温成显著正相关。

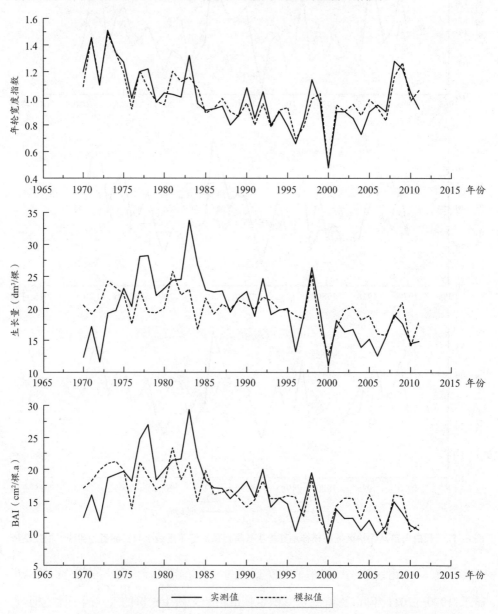

图 8-18　白石砬子自然保护区低海拔样地红松生长指标预测值（虚线）与实测值（实线）相关趋势

8.3.4.2　红松生长与年气候因子关系的模拟及生长预测

由于《东北区域气候变化评估报告决策者摘要及执行摘要 2012》[178] 和《Climate change 2014：synthesis report》[1] 都是只对年平均气温和年降水量进行了预测，虽然采用逐月的气候因子模拟各样地红松的生长情况的效果较好，但缺少权威部门对月气候因子的预测数据，因此无法对红松生长情况进行预测。为了更准确地预测气候变化后各样地红松生长的变化情况，采用年平均气温和年降水量两个气候因子（如果这两个因子都不显著则扩展到年平均最高气温和年平均最低气温）对红松的各项生长指标进行模拟，再依据权威部门的对气候因子的预估数据进行预测。《东北区域气候变化评估报告决策者摘要及执行摘要 2012》只针对东北地区的气候因子进行预测，范围与研究区域比较符合，比较精准，但其数据时效比较老；《Climate change 2014：synthesis report》对整个地球表面的气候因子进行了预测，范围比较广，相对于研究区来说精度较低，但其数据时效性比较好。此外，两个报告进行气候预测和预估的基础也不一样。《东北区域气候变化评估报告决策者摘要及执行摘要 2012》进行气候预测和预估的基础是 SRES 情景，SRES 情景是由 Nakićenović 和 Swart 于 2000 年开发的排放情景。报告中从 B1、A1B、A2 三个情景对东北地区气候变化进行了预估。B1 代表低排放情景；A1B 代表中等排放情景；A2 代表高排放情景 [178]。《Climate change 2014：synthesis report》进行气候预测和预估的基础是"典型浓度路径（RCP）"，能综合反映受人口规模、经济活动、生活方式、能源利用、土地利用模式、技术和气候政策的驱动所影响的人为温室气体排放量。从 RCP2.6、RCP4.5、RCP6.0、RCP8.5 四个情景对全球气候变化进行了预估。RCP2.6 是在该路径中辐射强迫在 2100 年之前达到约 3W/m² 的峰值，随后出现下降（相应的 ECP 假设 2100 年之后的排放达到恒定水平）的情景；RCP4.5 和 RCP6.0 是两种中等的稳定路径，其辐射强迫在 2100 年之后分别大致稳定在 4.5W/m² 和 6W/m² 左右（相应的 ECP 假设 2150 年之后的浓度达到恒定水平）；RCP8.5 为高浓度路径，其辐射强迫在 2100 年之前超过 8.5W/m² 并在之后一定时间内持续上升（相应的 ECP 假设 2100 年之后的排放达到恒定水平，2250 年之后的浓度达到恒定水平）[277]。鉴于以上情况，本研究中分别根据《东北区域气候变化评估报告决策者摘要及执行摘要 2012》[277] 和《Climate change 2014：synthesis report》[277] 中对气候因子的预估来预测红松生长的变化情况。

表 8-2　胜山自然保护区红松在不同气候变化情景下生长变化情况预估

（据《Climate change 2014：synthesis report》[277]）

情景	2046 至 2065 年				2081 至 2100 年				
	气温上升幅度（℃）	RWI	V（dm³/棵）	BAI（cm²/棵）	气温上升幅度（℃）		RWI	V（dm³/棵）	BAI（cm²/棵）
RCP2.6	最低值 0.4	0.02	1.81	1.08	最低值	0.3	0.02	1.36	0.81
	平均值 1.0	0.06	4.53	2.71	平均值	1.0	0.06	4.53	2.71
	最高值 1.6	0.09	7.24	4.33	最高值	1.7	0.10	7.70	4.60
	— —	—	—	—	中国东北地区	1.5	0.09	6.79	4.06
RCP4.5	最低值 0.9	0.05	4.08	2.43	最低值	1.1	0.06	4.98	2.98
	平均值 1.4	0.08	6.34	3.79	平均值	1.8	0.10	8.15	4.87
	最高值 2.0	0.11	9.06	5.41	最高值	2.6	0.15	11.77	7.03
	— —	—	—	—	中国东北地区	3.0	0.17	13.58	8.12
RCP6.0	最低值 0.8	0.05	3.62	2.16	最低值	1.4	0.08	6.34	3.79
	平均值 1.3	0.07	5.89	3.52	平均值	2.2	0.13	9.96	5.95
	最高值 1.8	0.10	8.15	4.87	最高值	3.1	0.18	14.04	8.39
	— —	—	—	—	中国东北地区	4.0	0.23	18.11	10.82
RCP8.5	最低值 1.4	0.08	6.34	3.79	最低值	2.6	0.15	11.77	7.03
	平均值 2.0	0.11	9.06	5.41	平均值	3.7	0.21	16.75	10.01
	最高值 2.6	0.15	11.77	7.03	最高值	4.8	0.27	21.73	12.98
	— —	—	—	—	中国东北地区	7.0	0.40	31.70	18.94

　　注：预估气温上升幅度的最低值、平均值和最高值为 IPCC 预测的全球平均地表温度相对于 1986 至 2005 年时期上升幅度。中国东北地区预估气温上升幅度为耦合模式比较计划第 5 阶段（CMIP5）多模式在四个情景下对 2081—2100 年预估气温相对于 1986—2005 年的上升幅度。

　　从表 8-2 可以看出，《Climate change 2014：synthesis report》的预估结果[277] 显示，RCP2.6、RCP4.5、RCP6.0 和 RCP8.5 四个情景均预测，相对于 1986—2005 年，

2046 至 2065 年全球平均地表温度都有所上升，但在 RCP2.6、RCP4.5、RCP6.0 三个情景下，上升幅度不太可能高于 2.0℃，其中 RCP2.6 情景模式下的上升幅度最低，在 0.4℃～1.6℃ 之间；而 RCP8.5 情景模式下的上升幅度最高，在 1.4℃～2.6℃ 之间。总的来说，2046 至 2065 年期间，四个不同情景中温度上升的排序为：RCP2.6 上升最少，RCP6.0 次之，RCP8.5 上升幅度最大。

相对于 1986—2005 年，到 21 世纪末期（2081—2100 年），RCP4.5、RCP6.0 和 RCP8.5 三个情景下，全球平均地表温度上升幅度要高于 2046 至 2065 年间的上升幅度，但 RCP2.6 情景系上升的幅度与 2046 至 2065 年间的上升幅度差不多。在 RCP4.5、RCP6.0 和 RCP8.5 三个情景下，全球表面温度变化可能超过 1.5℃，其中在 RCP4.5 情景下有可能是 1.1℃～2.6℃，在 RCP6.0 情景下有可能是 1.4℃～3.1℃，而在 RCP8.5 情景下变化幅度最大，有可能是 2.6℃～4.8℃；但在 RCP2.6 情景下不太可能超过 2℃，为 0.3 ℃～1.7℃。

由于全球地表面积过大，每个区域上升幅度存在很大差异，高纬度地区的气候变暖速率显著高于全球平均值，陆地的平均变暖速率也高于海洋的平均变暖速率。据《Climate change 2014：synthesis report》显示中国东北地区气温在 RCP2.6 情景下 2081—2100 年的气温相对于 1986—2005 年间上升约 1.5℃，在 RCP8.5 情景模式下 2081—2100 年的气温相对于 1986—2005 年的上升幅度高达 7.5℃。RCP4.5、RCP6.0 和 RCP8.5 三个情景下中国东北地区气温的上升幅度都要高于全球平均值[277]。

从表 8-3 可以看出，《东北区域气候变化评估报告决策者摘要及执行摘要 2012》的预估结果[178] 显示，相对于 1970—2000 年的平均气温，2011 年至 2100 年的气温在三种不同情景下都是上升的。三种不同情景下，2011—2030 年的上升幅度最小，为 1.02℃～1.05℃，2031—2050 年上升幅度为 1.91 ℃～1.55℃，2051—2070 年的上升幅度为 2.04℃～2.91℃，2071—2100 年的上升幅度最大，为 2.54 ℃～4.3℃。2071—2100 年的上升幅度值接近于《Climate change 2014：synthesis report》中 RCP6.0 情景下 2081 至 2100 年相对于 1986—2005 年的上升幅度值。2011 至 2030 年中，三种情景中年平均气温上升幅度差异不大；2031 至 2050 年和 2051 至 2070

年中，SRES A1B 情景中年平均气温上升幅度最大，略高于其他两个情景中的上升幅度；2071 至 2100 年中，SRES A2 情景中年平均气温上升幅度最大，略高于 SRES A1B 情景中的上升幅度，显著高于 SRES B1 情景中的上升幅度。

表 8-3　胜山自然保护区红松在不同气候变化情景下生长变化情况预估

（据东北区域气候变化评估报告决策者摘要及执行摘要 2012[178]）

年	情景	气温上升幅度（℃）	RWI	V（dm³/棵）	BAI（cm²/棵）
2011 — 2030	SRES B1	1.05	0.06	4.75	2.84
	SRES A1B	1.02	0.06	4.62	2.76
	SRES A2	1.04	0.06	4.71	2.81
2031 — 2050	SRES B1	1.55	0.09	7.02	4.19
	SRES A1B	1.91	0.11	8.65	5.17
	SRES A2	1.75	0.10	7.92	4.73
2051 — 2070	SRES B1	2.04	0.12	9.24	5.52
	SRES A1B	2.91	0.17	13.18	7.87
	SRES A2	2.72	0.16	12.32	7.36
2071 — 2100	SRES B1	2.54	0.14	11.50	6.87
	SRES A1B	3.66	0.21	16.57	9.90
	SRES A2	4.3	0.25	19.47	11.63

注：预估气温上升幅度是相对于 1970 至 2000 年平均值的上升幅度。

胜山自然保护区：

将胜山自然保护区样地红松的年轮宽度、体积生长量、断面积生长量分别与 1970—2011 年期间的年平均气温和年总降水量进行逐步线性回归，得出胜山自然保护区红松的年轮宽度、体积生长量、断面积生长量都与年平均气温显著正相关，与年降水量的相关性不显著。具体回归方程如下。

$$RWI_{ss} = 1.209 + 0.057T_m（N = 42，r = 0.318，R^2 = 0.101，R^2_{adj} = 0.079，p < 0.05）$$

$$V_{ss} = 44.823 + 4.528T_m（N = 42，r = 0.544，R^2 = 0.296，R^2_{adj} = 0.278，p < 0.001）$$

$$BAI_{ss} = 29.481 + 2.705T_m（N = 42，r = 0.521，R^2 = 0.271，R^2_{adj} = 0.253，p < 0.001）$$

其中，RWI_{ss}、V_{ss}、BAI_{ss} 分别指胜山自然保护区红松年轮宽度指数、体积生长量和断面积生长量，Tm 指年平均气温。

根据《Climate change 2014：synthesis report》[277] 中四个不同情景下全球平均地表温度变化的情况预测红松生长的变化趋势，最终预估变化情况如下表 8-2。

胜山自然保护区红松生长的年轮宽度指数、体积生长量和断面积生长量三个指标随着年平均气温的上升呈线性上升关系，三个指标的值无论在哪种气候变化情景下都明显提高（表 8-2）。依据《Climate change 2014：synthesis report》对气温的预估值 [277]，2046 至 2065 年期间，红松年轮宽度指数的值的上升幅度为 0.02 至 0.15 之间；每棵红松体积生长量的上升幅度为 1.81 至 11.77 dm³；每棵红松断面积生长量的上升幅度为 1.08 至 7.03 m²。

四个不同情景中红松生长指标上升的幅度不一致，RCP8.5 情景下最大，RCP4.5 情景次之，RCP6.0 情景第三，RCP2.6 情景下最少。2081 至 2100 年期间红松三项生长指标的上升幅度要比 2046 至 2065 年更高一些。四个不同情景下，RCP2.6 情景下最低，红松年轮宽度指数的值的上升幅度为 0.02 至 0.10 之间；每棵红松体积生长量的上升幅度为 1.36 至 7.70 dm³；每棵红松断面积生长量的上升幅度为 0.81 至 4.60 cm²。而 RCP8.5 情景下上升幅度最高，红松的年轮宽度指数值、每棵红松的体积生长量和断面积生长量的上升值分别为：0.15～0.27、11.77～21.73 dm³ 和 7.03～12.98 cm²。RCP4.5 和 RCP6.0 情景下红松生长指标的上升幅度分别处于第三和第四的位置。

根据《Climate change 2014：synthesis report》对中国东北地区气温的预估值（表 8-2），在 RCP2.6 情景下，红松的年轮宽度指数值、每棵红松的体积生长量和断面积生长量的上升值分别为：0.09、6.79 dm³ 和 4.06 cm²；而在 RCP8.5 情景下红松的年轮宽度指数值、每棵红松的体积生长量和断面积生长量的上升值分别为：0.40、31.70 dm³ 和 18.94 cm²。

《东北区域气候变化评估报告决策者摘要及执行摘要 2012》和《Climate change 2014：synthesis report》中选用的气候变化情景不一样，因此对中国东北气候变化的预估值与《Climate change 2014：synthesis report》中的值有所差异。依据《东北区域气候变化评估报告决策者摘要及执行摘要 2012》中对年平均气温的预估值，四个不同的时间段，SRES B1、SRES A1B 和 SRES A 三种气候变化情景下，红松的三个生长指标都是呈上升趋势，且随着时间的延长，上升幅度越大（表 8-3）。2011—2030 年上升幅度最小，在三种气候变化情景下，红松年轮宽度都将增加 0.06，而每棵红松的体积生长量和断面积生长量的上升值分别为：4.62 ~ 4.75 dm^3 和 2.76 ~ 2.84 cm^2。2071—2100 年，上升幅度最大，在三种气候变化情景下，红松生长的年轮宽度指数值、每棵红松的体积生长量和断面积生长量的上升值分别为：0.14 ~ 0.25、11.50 ~ 19.47 dm^3 和 6.87 ~ 11.63 cm^2。

凉水自然保护区：

将凉水自然保护区样地红松的年轮宽度、体积生长量、断面积生长量分别与1970—2011 年期间的年平均气温和年总降水量进行逐步线性回归，都不显著；红松的年轮宽度、体积生长量、断面积生长量分别与年平均最高和最低气温进行逐步线性回归，也都不显著。因此，此样地无法按照年气候因子的变化对本区域红松的生长情况进行预测。

长白山自然保护区高海拔样地：

将长白山自然保护区高海拔样地红松的年轮宽度、体积生长量、断面积生长量分别与 1970—2011 年期间的年平均气温和年总降水量进行逐步线性回归，得出长白山自然保护区高海拔样地红松的年轮宽度指数、体积生长量、断面积生长量都与年平均气温显著正相关，与年降水量的相关性不显著。具体回归方程如下。

$RWI_{Hcbs} = 1.035 + 0.061T_m$（$N = 42, r = 0.343, R^2 = 0.117, R^2_{adj} = 0.095, p < 0.05$）

$V_{Hcbs} = 24.093 + 2.817T_m$（$N = 42, r = 0.472, R^2 = 0.223, R^2_{adj} = 0.204, p < 0.05$）

$BAI_{Hcbs} = 14.723 + 1.622T_m$（$N = 42, r = 0.428, R^2 = 0.183, R^2_{adj} = 0.163, p < 0.01$）

其中，RWI_{Hcbs}、V_{Hcbs}、BAI_{Hcbs} 分别指长白山自然保护区高海拔区域红松年轮宽度指数、体积生长量和断面积生长量，T_m 指年平均气温。

根据《Climate change 2014: synthesis report》[277] 中四个不同情景下全球平均地表温度变化的预估值对红松各项生长指标的变化趋势进行预估，预估变化情况见表 8-4。

表 8-4　长白山自然保护区高海拔区域红松在不同气候变化情景下生长变化情况预估
（据《Climate change 2014：synthesis report》[277]）

情景	2046 至 2065 年					2081 至 2100 年				
		气温上升幅度（℃）	RWI	V（dm³/棵）	BAI（cm²/棵）		气温上升幅度（℃）	RWI	V（dm³/棵）	BAI（cm²/棵）
RCP2.6	最低值	0.4	0.02	1.13	0.65	最低值	0.3	0.02	0.85	0.49
	平均值	1.0	0.06	2.82	1.62	平均值	1.0	0.06	2.82	1.62
	最高值	1.6	0.10	4.51	2.60	最高值	1.7	0.10	4.79	2.76
	—	—	—	—	—	中国东北地区	1.5	0.09	4.23	2.43
RCP4.5	最低值	0.9	0.05	2.54	1.46	最低值	1.1	0.07	3.10	1.78
	平均值	1.4	0.09	3.94	2.27	平均值	1.8	0.11	5.07	2.92
	最高值	2.0	0.12	5.63	3.24	最高值	2.6	0.16	7.32	4.22
	—	—	—	—	—	中国东北地区	3.0	0.18	8.45	4.87
RCP6.0	最低值	0.8	0.05	2.25	1.30	最低值	1.4	0.09	3.94	2.27
	平均值	1.3	0.08	3.66	2.11	平均值	2.2	0.13	6.20	3.57
	最高值	1.8	0.11	5.07	2.92	最高值	3.1	0.19	8.73	5.03
	—	—	—	—	—	中国东北地区	4.0	0.24	11.27	6.49
RCP8.5	最低值	1.4	0.09	3.94	2.27	最低值	2.6	0.16	7.32	4.22
	平均值	2.0	0.12	5.63	3.24	平均值	3.7	0.23	10.42	6.00
	最高值	2.6	0.16	7.32	4.22	最高值	4.8	0.29	13.52	7.79
	—	—	—	—	—	中国东北地区	7.0	0.43	19.72	11.35

　　通过表 8-4 可以看出，长白山自然保护区高海拔区域红松生长的年轮宽度指数、体积生长量和断面积生长量三个指标随着年平均气温的上升呈线性上升关系，三个指标的值无论在哪种气候变化情景下都有所提高。2046 至 2065 年期间相对于 1986—2005 年间，四个不同情景中红松生长指标上升的幅度不一致，RCP8.5 情景下最大，RCP4.5 情景次之，RCP6.0 情景第三，RCP2.6 情景下最少。红松年轮宽度指数的值的上升幅度为 0.02 至 0.16 之间；每棵红松体积生长量的上升幅度为 1.13 ~ 7.32 dm³；每棵红松断面积生长量的上升幅度为 0.65 ~ 4.22 cm²。

2081 至 2100 年期间（相对于 1986—2005 年间）红松三项生长指标的上升幅度要比 2046 至 2065 年更高一些。四个不同情景下，RCP2.6 情景下最低，RCP4.5 和 RCP6.0 情景下红松生长指标的上升幅度处于中间，RCP8.5 情景下上升幅度最高。RCP2.6 情景下，红松年轮宽度指数的值的上升幅度为 0.02～0.10 之间；每棵红松体积生长量的上升幅度为 0.85～4.79 dm³；每棵红松断面积生长量的上升幅度为 0.49～2.76 cm²。而 RCP8.5 情景下上升幅度最高，按照全球平均地表温度上升的平均值预估的红松生长的年轮宽度指数值、每棵红松的体积生长量和断面积生长量的上升值分别为：0.16～0.29、7.32～13.52 dm³ 和 4.22～7.79 cm²。

根据《Climate change 2014：synthesis report》对中国东北地区气温的预估值，在 RCP2.6 情景下，红松生长的年轮宽度指数值、每棵红松的体积生长量和断面积生长量的上升值分别为：0.09、4.23 dm³ 和 2.43 cm²；而在 RCP8.5 情景下红松生长的年轮宽度指数值、每棵红松的体积生长量和断面积生长量的上升值分别为：0.43、19.72 dm³ 和 11.35 cm²（见表 8-4）。

依据《东北区域气候变化评估报告决策者摘要及执行摘要 2012》中对年平均气温的预估值，四个不同的时间段，SRES B1、SRES A1B 和 SRES A 三种气候变化情景下，红松的三个生长指标都是呈上升趋势，且随着时间的延长，上升幅度越大。2011—2030 年上升幅度最小，在三种气候变化情景下，红松年轮宽度都将增加 0.06，而每棵红松的体积生长量和断面积生长量的上升值分别为：2.87～2.96 dm³ 和 1.65～1.70 cm²。2071—2100 年，上升幅度最大，在三种气候变化情景下，红松生长的年轮宽度指数值、每棵红松的体积生长量和断面积生长量的上升值分别为：0.15～0.26、7.16～10.31 dm³ 和 4.12～6.97 cm²（见表 8-5）。

长白山自然保护区中海拔地区：

将长白山自然保护区中海拔样地红松的年轮宽度、体积生长量、断面积生长量分别与 1970—2011 年期间的年平均气温和年总降水量进行逐步线性回归，得出长白山自然保护区中海拔样地红松的年轮宽度指数与年平均气温和年总降水量没有显著相关性，扩展到年平均最低气温和年平均最高气温，也无显著相关性；但红松体积生长量和断面积生长量都与年降水量呈显著正相关，与气温因子的相关性不显著。具体回归方程如下。

$$V_{Mcbs} = 14.364 + 0.011P（N = 42, r = 0.371, R^2 = 0.138, R^2_{adj} = 0.116, p < 0.05）$$

$$BAI_{Mcbs} = 10.388 + 0.008P（N = 42, r = 0.383, R^2 = 0.147, R^2_{adj} = 0.126, p < 0.05）$$

其中，V_{Mcbs}、BAI_{Mcbs} 分别指长白山自然保护区中海拔区域红松体积生长量和断面积生长量，P 指年总降水量。

表 8-5 长白山自然保护区高海拔区域红松在不同气候变化情景下生长变化情况预估

（据东北区域气候变化评估报告决策者摘要及执行摘要 2012[178]）

年	情景	气温上升幅度(℃)	RWI	V（dm³/棵）	BAI(cm²/棵)
2011	SRES B1	1.05	0.06	2.96	1.70
—	SRES A1B	1.02	0.06	2.87	1.65
2030	SRES A2	1.04	0.06	2.93	1.69
2031	SRES B1	1.55	0.09	4.37	2.51
—	SRES A1B	1.91	0.12	5.38	3.10
2050	SRES A2	1.75	0.11	4.93	2.84
2051	SRES B1	2.04	0.12	5.75	3.31
—	SRES A1B	2.91	0.18	8.20	4.72
2070	SRES A2	2.72	0.17	7.66	4.41
2071	SRES B1	2.54	0.15	7.16	4.12
—	SRES A1B	3.66	0.22	10.31	5.94
2100	SRES A2	4.3	0.26	12.11	6.97

注：预估气温上升幅度是相对于 1970 至 2000 年平均值的上升幅度。

根据《Climate change 2014: synthesis report》[277] 预测，不同地区在不断变暖的情景下未来降水的变化趋势差异很大。在 RCP8.5 情景下，本世纪末高纬度地区和太平洋赤道地区的年平均降水有可能增加，很多中纬度地区和亚热带干燥地区的平均降水有可能减少，而很多中纬度湿润地区的平均降水有可能增加。在 RCP2.6 和 RCP8.5 两种情景下，2081 至 2100 年间中国东北地区的降水量要比 1986 至 2005 年的降水量分别高出 10% 和 20%。根据中国东北地区平均降水变化的情况预测此区域红松生长的变化趋势。最终预估变化情况如表 8-6。

表8-6　长白山自然保护区中海拔红松在不同气候变化情景下生长变化情况预估

（据《Climate change 2014：synthesis report》[277]）

情景	中国东北 2081 至 2100 年降水上升幅度（%）	V（dm³/株）	BAI（cm²/株）
RCP2.6	10	0.76	0.55
RCP8.5	20	1.52	1.10

注：中国东北地区预估降水上升幅度为耦合模式比较计划第 5 阶段（CMIP5）多模式在 RCP2.6 和 RCP8.5 情景下对 2081—2100 年预估降水相对于 1986—2005 年降水的上升幅度。

从表 8-6 可以看出，根据《Climate change 2014：synthesis report》中对在 RCP2.6 和 RCP8.5 两种情景中 2081—2100 年中国东北地区年降水量的预估值，计算出 2081—2100 年期间长白山自然保护区中海拔区域红松的体积生长量和断面积生长量都呈增加趋势，但是增加幅度比长白山高海拔要低。RCP8.5 情景下的上升幅度要高于 RCP2.6 情景下的上升幅度。RCP8.5 情景下，每棵红松的体积生长量和断面积生长量的上升值分别为 1.52 dm³ 和 1.10 cm²，而 RCP2.6 情景下，每棵红松的体积生长量和断面积生长量的上升值分别为 0.76 dm³ 和 0.55 cm²。

依据《东北区域气候变化评估报告决策者摘要及执行摘要 2012》中预估三个气候变化情景下，四个时间段的降水量也都呈增加趋势（表 8-7），2011—2030 年期间增加的最小，三个气候变化情景中增加幅度为 1.89% 至 3.77%；2071—2100 年期间增加的最大，三个气候变化情景中增加幅度为 7.56% 至 13.57%。由于降水将增加，每棵红松的体积生长量和断面积生长量也从呈增加趋势，但值都偏小。每棵红松的体积生长量增加的幅度为 0.02 ~ 0.15 dm³；每棵红松的断面积生长量增加的幅度为 0.02 ~ 0.11 cm²。

长白山自然保护区低海拔地区：

将长白山自然保护区低海拔样地红松的年轮宽度、体积生长量、断面积生长量分别与 1970—2011 年期间的年平均气温和年总降水量进行逐步线性回归，发现此区域红松的年轮宽度及断面积生长量都与年降水量呈显著正相关，与气温因子相关性不显著;而红松体积生长量与年气候因子的相关性不显著。具体回归方程如下。

$$RWI_{Lcbs} = 0.626 + 0.001P（N = 42，r = 0.298，R^2 = 0.089，R^2_{adj} = 0.071，p < 0.05）$$

$$BAI_{Lcbs} = 16.536 + 0.013P（N = 42，r = 0.283，R^2 = 0.080，R^2_{adj} = 0.062，p < 0.05）$$

其中，RWI_{Lcbs}、BAI_{Lcbs} 分别指长白山自然保护区低海拔区域红松年轮宽度指数和断面积生长量，P 指年总降水量。

表 8-7 长白山自然保护区中海拔红松在不同气候变化情景下生长变化情况预估

（据东北区域气候变化评估报告决策者摘要及执行摘要 2012[178]）

年	情景	降水上升幅度(%)	V（dm³/棵）	BAI(cm²/棵)
2011	SRES B1	3.77	0.04	0.03
— 2030	SRES A1B	1.89	0.02	0.02
	SRES A2	2.45	0.03	0.02
2031	SRES B1	5.51	0.06	0.04
— 2050	SRES A1B	6.05	0.07	0.05
	SRES A2	1.86	0.02	0.01
2051	SRES B1	8.12	0.09	0.06
— 2070	SRES A1B	8.89	0.10	0.07
	SRES A2	8.76	0.10	0.07
2071	SRES B1	7.56	0.08	0.06
— 2100	SRES A1B	13.57	0.15	0.11
	SRES A2	13.5	0.15	0.11

注：预估气温上升幅度是相对于 1970 至 2000 年平均值的上升幅度。

从表 8-8 可以看出，依据《Climate change 2014：synthesis report》预估的降水变化数据[277]，在 RCP2.6 和 RCP8.5 两种情景下，2081—2100 年期间长白山中自然保护区低海拔区域红松的体积生长量和断面积生长量相对于 1986—2005 年期间都呈上升趋势，但是比长白山高海拔要低。年轮宽度指数在 RCP8.5 情景下的上升幅度要高于 RCP2.6 情景下的上升幅度，两者分别为 0.14 和 0.07；每棵红松的断面积生长量在 RCP8.5 情景下和 RCP2.6 情景下的上升幅度分别为 1.79 cm² 和 0.90 cm²。

表 8-8　长白山自然保护区低海拔红松年轮宽度指数和断面积生长量在气候变化情景下
变化情况预估（据《Climate change 2014：synthesis report》[277]）

情景	中国东北 2081 至 2100 年 降水上升幅度（%）	RWI	BAI（cm²/棵）
RCP2.6	10	0.07	0.90
RCP8.5	20	0.14	1.79

注：中国东北地区预估降水上升幅度为耦合模式比较计划第 5 阶段（CMIP5）多模式在 RCP2.6 和 RCP8.5 情景下对 2081—2100 年预估降水相对于 1986—2005 年降水的上升幅度。

从表 8-9 可以看出，依据《东北区域气候变化评估报告决策者摘要及执行摘要 2012》预估的降水变化数据[178]，在三种 SRES 情景下，2011—2030 年，此区域红松的年轮宽度指数和断面积生长量的上升幅度都非常小，年轮宽度指数上升幅度在 0.01 之内，每棵红松的断面积生长量的上升幅度在 0.02～2.18 cm²。

表 8-9　长白山自然保护区低海拔红松年轮宽度指数和断面积生长量在气候变化情景下
变化情况预估（据东北区域气候变化评估报告决策者摘要及执行摘要 2012[178]）

年	情景	降水上升幅度（%）	RWI	BAI（cm²/棵）
2011	SRES B1	3.77	0.00	0.05
—	SRES A1B	1.89	0.00	0.02
2030	SRES A2	2.45	0.00	0.03
2031	SRES B1	5.51	0.01	0.07
—	SRES A1B	6.05	0.01	0.08
2050	SRES A2	1.86	0.00	0.02
2051	SRES B1	8.12	0.01	0.11
—	SRES A1B	8.89	0.01	0.12
2070	SRES A2	8.76	0.01	0.11
2071	SRES B1	7.56	0.01	0.10
—	SRES A1B	13.57	0.01	0.18
2100	SRES A2	13.5	0.01	0.18

注：预估气温上升幅度是相对于 1970 至 2000 年平均值的上升幅度。

白石砬子自然保护区：

将白石砬子自然保护区样地红松的年轮宽度、体积生长量、断面积生长量分别与 1970—2011 年期间的年平均气温和年总降水量进行逐步回归分析，结果这两个气候因子都未进入到回归方程，而后加入年平均最高和最低气温两个气候因子，共用四个气候因子进行逐步线性回归，得出白石砬子自然保护区样地红松的体积生长量和断面积生长量与各气候因子的相关性不显著，而红松的年轮宽度与年平均最低气温显著负相关，与其他三个气候因子的相关性不显著，但是拟合效果不是特别好。具体回归方程如下。

$$RWI_{bslz} = 0.896 - 0.077T_{min}\ (\ N = 42, r = 0.315, R^2 = 0.099, R^2_{adj} = 0.077, p < 0.05\ )$$

其中，RWI_{bslz} 指白石砬子自然保护区红松年轮宽度指数，T_{min} 指年平均最低气温。

由于《Climate change 2014：synthesis report》[277] 和《东北区域气候变化评估报告决策者摘要及执行摘要 2012》[178] 中都没有对年最低气温进行预估的数据，本研究中将平均最低气温上升幅度按照他们预估的平均气温进行估计。最终预估变化情况如表 8-10 和表 8-11。

表 8-10　白石砬子自然保护区红松在不同气候变化情景下生长变化情况预估
（据《Climate change 2014：synthesis report》[277]）

情景	2046 至 2065 年			2081 至 2100 年		
	气温上升幅度（℃）		RWI	气温上升幅度（℃）		RWI
RCP2.6	最低值	0.4	−0.03	最低值	0.3	−0.02
	平均值	1.0	−0.08	平均值	1.0	−0.08
	最高值	1.6	−0.12	最高值	1.7	−0.13
	—	—	—	中国东北地区	1.5	−0.12
RCP4.5	最低值	0.9	−0.07	最低值	1.1	−0.08
	平均值	1.4	−0.11	平均值	1.8	−0.14
	最高值	2.0	−0.15	最高值	2.6	−0.20
	—	—	—	中国东北地区	3.0	−0.23

续表 8-10

情景	2046 至 2065 年			2081 至 2100 年		
	气温上升幅度（℃）		RWI	气温上升幅度（℃）		RWI
RCP6.0	最低值	0.8	−0.06	最低值	1.4	−0.11
	平均值	1.3	−0.10	平均值	2.2	−0.17
	最高值	1.8	−0.14	最高值	3.1	−0.24
	—	—	—	中国东北地区	4.0	−0.31
RCP8.5	最低值	1.4	−0.11	最低值	2.6	−0.20
	平均值	2.0	−0.15	平均值	3.7	−0.28
	最高值	2.6	−0.20	最高值	4.8	−0.37
	—	—	—	中国东北地区	7.0	−0.54

表 8-11　白石砬子自然保护区红松在不同气候变化情景下生长变化情况预估

（据东北区域气候变化评估报告决策者摘要及执行摘要 2012[178]）

Year	情景	气温上升幅度（℃）	RWI
2011—2030 年	SRES B1	1.05	−0.08
	SRES A1B	1.02	−0.08
	SRES A2	1.04	−0.08
2031—2050 年	SRES B1	1.55	−0.12
	SRES A1B	1.91	−0.15
	SRES A2	1.75	−0.13
2051—2070 年	SRES B1	2.04	−0.16
	SRES A1B	2.91	−0.22
	SRES A2	2.72	−0.21
2071—2100 年	SRES B1	2.54	−0.20
	SRES A1B	3.66	−0.28
	SRES A2	4.3	−0.33

注：预估气温上升幅度是相对于 1970 至 2000 年平均值的上升幅度。

从表 8-10 和表 8-11 可知，白石砬子自然保护区的红松的年轮宽度指数随着年平均最低气温的上升呈下降趋势，无论在哪种气候变化情景下都有所下降。根据《Climate change 2014: synthesis report》[277] 中对气温的预估值，相对于 1986—2005 年，2046 至 2065 年期间此区域红松的年轮宽度指数下降幅度为 0.03 至 0.20。2081 至 2100 年期间红松的年轮宽度指数的下降幅度更高一些。RCP2.6 情景下最低，红松的年轮宽度指数的下降幅度为 0.02 至 0.13。而 RCP8.5 情景下下降幅度最高，红松的年轮宽度指数的下降幅度为 0.20 至 0.37。按照《Climate change 2014: synthesis report》对中国东北地区气温的预估值[277]，在 RCP2.6 情景下红松的年轮宽度指数下降了 0.12；而在 RCP2.6 情景下每棵红松的体积生长量的下降了 0.54。

根据《东北区域气候变化评估报告决策者摘要及执行摘要 2012》预估的气温变化数据[178]，三个气候变化情景下，白石砬子自然保护区红松的年轮宽度指数在 2011 至 2030 年的下降值都为 0.08，2031 年至 2050 年的下降值为 0.12 至 0.15 dm^3，2051 年至 2070 年的下降值为 0.16 至 0.22 dm^3，2071 年至 2100 年的下降值为 0.20 至 0.33 dm^3，时间越往后，下降幅度越大。

8.4　讨论

8.4.1　不同纬度不同海拔红松生长指标在近 40 年对气候因子的响应及变化趋势

有研究发现，不同地区红松在 1970 年后随着气候变暖年轮宽度指数发生了明显变化。如 Yu 等[41] 研究发现，长白山低海拔红松从 1970 年后年轮宽度指数显著下降，而中高海拔显著上升。李广起[24] 等也发现，长白山高海拔红松年轮指数在 1980 年后显著上升；及莹[48] 研究显示，黑河的红松宽度指数在 1980 年后表现为显著下降趋势。

本研究样地贯穿中国原始阔叶红松林分布区从南到北 4 个不同纬度和 3 个不同海拔高度，6 个样地的气温在 1970 年之后显著上升（降水变化都不显著），而不同样地红松的生长指标在 1970 年之后变化趋势各异。四个纬度样地中，最南端的白石砬子自然保护区样地红松的年轮宽度指数、红松体积生长量和断面积生长量三个生长指标都在近 40 年期间（1970—2011 年）极显著下降，而最北端的胜山自然保护区样地红松的三个生长指标都在近 40 年期间（1970—2011 年）极显著上升，中间纬度的长白山自然保护区低海拔样地和凉水自然保护区样地红松的三个生长指标变化都不显著。三个海拔高度样地中，长白山自然保护区高海拔样地红松的三个生长指标都呈极显著上升趋势，上升幅度很大，而中海拔和低海拔两个样地红松的三个生长指标的变化趋势都不显著。说明在低温制约的高纬度和高海拔地区，随着气温的升高，越有利于红松生长。而在高温制约的低纬度地区，随着气温的升高，越不利于红松生长。

处于最南端的白石砬子自然保护区近 40 年气温上升幅度显著，而红松的三个生长指标都呈显著下降趋势，表明在红松分布区的南缘高温地区，气温上升显著阻碍了红松的径向生长。一般认为在物种分布的下限，生长季的最高温已接近物种可以容忍的上限，因此，更热的温度只会增强胁迫和阻碍增长率[282]。白石砬子自然保护区生长季的气温比较高。1958—2011 年期间 6、7、8 月的平均月平最高气温分别为 21.52℃、23.58℃和 23.96℃；而气温最高年份的 6、7、8 月的月平最高气温分别为 25.8℃、26.7℃和 25.6℃。而在某些特殊年份，极端最高气温更是非常高，如 2000 年 7 月的极端最高气温达 36.5℃，6 月的极端最高气温达 35.7℃，1999 年 7 月的极端最高气温达 35.3℃。通过三个生长指标与气候因子逐步回归分析发现，白石砬子自然保护区红松年轮宽度指数与年平均最低气温呈显著负相关，而其他两个生长指标与年气候因子的相关性不显著。每日的最低气温一般发生在夜间，白石砬子自然保护区的年均最低气温是四个纬度中最高的，如果夜间温度越高，将加大红松光合作用产物的分解，不利于年轮宽度的增加。而近 40 年，此区域年均最低气温以 0.48℃•(10 a)$^{-1}$ 的速度上升，势必引起红松年轮宽度下降。在与逐月气候因子的关系中，红松的生长与当年 6 月的月平均气温和月平均最高气温、当年 2 月的月平均最低气温、上一年 9 月的月平均气温和月平均最低气温呈显著负相关。近 40 年，白石砬子自然保护区 6 月的气温上升尤其显著，月平均气温、月平均最高和最低气温分别以 0.35℃•(10 a)$^{-1}$、0.40℃•(10 a)$^{-1}$ 和 0.32℃•

$(10\,a)^{-1}$ 的速率上升，2000—2009 年 6 月的月均和月均最高气温分别比 1970—1979 年高出了 1.2℃和 1.5℃。此外，当年 2 月的月平均最低气温、上一年 9 月的月平均气温和月平均最低气温近 40 年来的上升幅度也很显著，分别以每十年 1.34℃、0.48℃和 0.60℃的速率极显著上升。随着此区域气温的升高，伴随着降水变化不显著，此区域的年均 PDSI 呈极显著下降，当年 6 月、9 月和上一年 9 月的 PDSI 也呈显著或极显著下降，说明此区域土壤干旱在加剧，且高温是造成土壤干旱的主要原因。高温会破坏细胞膜结构，使其捕获和吸收光能的效率下降，光反应受到抑制；高温下叶片吸收的二氧化碳也减少，暗反应受到抑制。这两个因素都会降低高温下的光合作用效率，影响红松生长。此外，高温加速了植株体内水分的散失，也加剧了土壤水分的蒸发，造成植株缺水，形成水分胁迫，使气孔开度减小或关闭，增加光合作用过程中吸收二氧化碳的阻力。植物缺水形成的气孔阻力和细胞内阻力增加后也降低了二氧化碳的同化阻力。缺水也影响植物体内核糖体的形成，阻碍蛋白质合成，使叶绿素的形成受到抑制，而且加快了原有的叶绿素的破坏。这三个因素都降低了植物在高温缺水状况下的光合作用效率。同时，水分胁迫还会降低红松的呼吸作用、矿物质元素的吸收能力、同化物的运输与转化效率等，通过这些影响红松的净生产力。夜间的高温会加快有机物的分解，不利于有机物的保存，影响到红松的生长。说明在原始红松分布的最南部地区，生长期间的高温，尤其是降水量相对缺少的 6 月和 9 月的高温是限制其生长的最关键的气候因子。有学者对美国西南部[283-285]和欧洲南部的研究[286-287]也显示在松科树种的分布区下限存在由于干旱引起的生长抑制现象。

分布于中纬度的长白山自然保护区低海拔地区（海拔 740～750 m）的红松年轮宽度、红松体积生长量和断面积生长量在 1970 年至 2011 年间变化不显著，都呈不显著上升趋势。虽然近 40 年此区域年平均气温和最低气温都上升显著，但是年均最高气温和降水变化不显著。通过 1970—2011 年期间红松生长的三个指标与年气候因子的回归分析发现，此区域红松年轮宽度指数和断面积生长量两者都与年降水量显著正相关，与年平均气温相关性不显著。Yu[1]、高露双[38]、陈列[13]研究也都显示长白山自然保护区低海拔地区红松的年轮宽度受降水影响。但是由于近 40 年降水变化不显著，因此年轮指数变化也不显著。陈力[181] 的研究显示长白山 772 m 海拔高度的红松生长量与生长季气温呈显著正相关。

通过与逐月气候因子的逐步回归分析发现，当年 6 月的月平均最高气温是影响当地红松生长的最关键的气温因子，当年 6 月的月平均最高气温越高，红松三个生长指标越小。1970—2011 年此区域当年 6 月的月平均最高气温呈不显著上升状态。此外，7 月的降水量、9 月的平均气温对本区域红松年轮宽度指数的影响也非常大。1970—2011 年间，当年 6 月的月平均最高气温、上一年 7 月的月降水量和当年 7 月的月降水量变化都不显著，但是当年 9 月的月平均气温显著升高，只是它的回归系数较小，所以 1970—2011 年红松年轮宽度指数呈不显著上升趋势。

其实长白山自然保护区低海拔地区（海拔 740 ~ 750 m）并不是红松在长白山分布的最下限，长白山区域的红松正常在海拔 500 多米也能生存，但由于人为因素的影响，造成海拔 500 多米左右低海拔区域的原始红松不复存在。因此，本样地红松受到的高温限制并没有白石砬子自然保护区的红松那么强烈。

处于中部地区的凉水自然保护区的红松年轮宽度、红松体积生长量和断面积生长量三个生长指标在 1970 年至 2011 年间变化不显著，都呈不显著的下降。凉水自然保护区是现代红松分布的中心区域[219]，这地区的气候环境应该是非常适合红松生长的。红松的生长动态显示至今为止本区域的气候变化幅度还在红松对各因子的适宜生态幅范围内，未对其径向生长造成明显的扰动。凉水自然保护区的红松年轮宽度呈不显著的下降，这与及莹[48] 对凉水红松的研究结果一致，与延晓冬[146]、程肖侠等[208] 模型预测的快速衰退存在一定差异。通过红松的三个生长指标与年气候因子的回归分析发现，此区域红松的三个生长指标与年气候因子的相关性不显著。通过红松三个生长指标对逐月气候因子的逐步回归发现，当年 6 月的月平均最高气温是影响此区域红松的生长的最关键气候因子，与三个生长指标都显著负相关；此外，上一年 5 月的月平均气温、上一年 6 月和 9 月的降水也是影响本区域红松生长的关键气候因子。虽然近 40 年这个区域年平均气温、年均最高和最低气温都上升显著，但是当年 6 月的月平均最高气温、上一年 5 月的月平均气温和上一年 6 月和 9 月的降水量在 1970 年至 2011 年期间的变化都不显著，因此凉水自然保护区红松的生长变化不显著。

处于最北端的胜山自然保护区近 40 年气温上升幅度显著，降水和 PDSI 变化不显著，此区域红松的体积生长量和断面积生长量三个生长指标在 1970 年至 2011 年间呈极显著上升趋势，表明在红松分布区的北缘的低温地区，气温上升显著促进了红松的径向生长。通过红松年轮宽度指数与年气候因子的回归分析发现，此区域红松的三个生长指标都与年平均气温呈极显著正相关。近 40 年，此区域的年平均气温以 $0.73℃ •(10 a)^{-1}$ 的速率极显著上升。此外，通过对逐月气候因子的回归发现，上一年 10 月的月平均最低气温是影响胜山自然保护区红松生长的三个指标的最关键的气候因子，此时的气温越高，越有利于红松的生长。研究显示，胜山自然保护区上一年 10 月的月平均最低气温以 $1.27℃ •(10 a)^{-1}$ 的速率极显著上升。10 月是此区域红松生长末期要进入休眠的时间段，如果此时气温越高，可延长红松的生长季末期，积累更多的有机物质，有利于红松来年的生长。6 月份气温偏高，月平均气温为 15.2℃，是本地区红松生长快速的月份，但是 6 月的降水量不是特别充足，只有 84.9 mm，相对于快速生长所需的水分来说很不足，因此此时的气温越高，更加快了红松的水分代谢和土壤水分的蒸发，会引起由于高温缺水而引起的生长缓慢。因此，6 月的月平均气温越高，越不利于红松生长。此区域红松的生长受温度影响非常显著，冬季 12 月的月平均最低气温、生长季早期的 4 月的月平均最低气温和 5 月的月平均最高气温、上一年生长季的 7 月的月平均气温越高都越有利于红松的生长，1970 － 2011 年间，当年 6 月和上一年 7 月的月平均气温、上一年 12 月和当年 4 月的月平均最低气温这 4 个气温因子分别以 $0.71℃ •(10 a)^{-1}$、$0.51℃ •(10 a)^{-1}$、$1.12℃ •(10 a)^{-1}$、$0.93℃ •(10 a)^{-1}$ 的幅度极显著上升，当年 5 月的月平均最高气温变化不显著。与红松生长指标呈负相关的当年 1 月的月平均最高气温、当年 2 月和上一年 5 月的降水量在 1970 － 2011 年间，变化都不显著。这些气候因子的变化共同造成了此区域红松生长的极显著上升。胜山自然保护区地处严寒地区，红松径向生长与大部分月份的气温因子都呈显著正相关，气温显著升高，有利于红松的光合作用和有机物的积累，促进了红松的径向生长。本研究结果与及莹[48]的研究结果相反，及莹认为黑河红松的年轮宽度在 1980 年之后呈下降趋势。结果差异的原因可能与采样的具体样地、生境等有关。

长白山自然保护区三个不同海拔高度样地的气象资料都来自于松江气象站，此区域年平均气温和年平均最低气温在 1970 年之后显著上升，年平均最高气温和年降水量变化都不显著。但三个海拔高度红松的生长指标在 1970 年之后变化趋势有较大差异，高海拔样地（E 1 290～1 300 m）红松的三个生长指标都显著上升，而中海拔（E 1 030～1 040 m）和低海拔（E 740～750 m）样地红松的三个生长指标的变化都不显著。生长指标与年气候因子的逐步回归结果显示影响不同海拔高度红松生长的气候因子也有差异：高海拔地区红松的三个生长指标都与年平均气温显著正相关，中海拔地区红松的体积生长量和断面积与年降水量显著正相关，低海拔地区红松的年轮宽度指数和断面积生长量与降水量呈显著正相关，而生长量与年平均气温呈显著正相关。说明高海拔区域红松生长受温度影响更显著，而中海拔和低海拔区域红松生长受水分影响更显著。与 Yu 对长白山红松年轮宽度的研究结果一致 [1]。在高海拔样地（红松群落分布的上限），气候变暖后较高的气温有利于红松度过寒冷的冬天 [191]，因此有利于红松的生长。此外，高海拔地区，气候变暖后，较高的气温还能促进融雪，也有利于红松光合效率和水分及养分运输效率的提高，促进生长季节之前的增长 [192] 和刺激生长季节的增长速度的增加 [193]。

长白山年轮宽度在近 40 年的变化趋势与别人的研究结果存在一些异同。低海拔样地（740～750 m）红松在 1970 年后的变化趋势与高露双等在 748 m 高度海拔样地的研究结果 [47] 相似，与 Yu 等在 800m 高度海拔样地的研究结果 [1] 不一样。中海拔样地（1 030～1 040 m）红松在 1970 年后的变化趋势与高露双等在 1 050～1 200 m 高度海拔样地的研究 [53] 结果相似，与 Yu 等在 1100m 高度海拔样地的研究结果 [1] 不一样。高海拔样地（1 290～1 300 m）红松在 1970 年后的变化趋势与 Yu 等在 1 400 m 高度海拔样地的研究结果 [1] 和李广起等在 1 300 m 高度海拔样地的研究结果 [175] 相似。

红松生长量的研究结果与陈力等 [181] 的研究也有些差异。高海拔样地（1 290～1 300 m）红松生长量的变化趋势与陈力研究的海拔 1 258 m 的红松的变化趋势相似，都呈显著上升趋势；而低海拔（740～750 m）红松生长量的变化趋势与陈力研究的海拔 772 m 红松的变化趋势有些不一样，他的结果显示红松生长量呈显著上升的趋势，而本研究中的上升趋势不显著。

　　长白山自然保护区红松生长指标与月气候因子的逐步回归分析显示，高海拔和低海拔地区红松的生长指标受上一年 6 月 10 月的月平均最低气温、上一年 12 月和上一年 9 月的月平均最高气温、上一年 4 月、5 月和 9 月的降水量影响显著。说明上一年的气候因子对高海拔和低海拔区域红松生长影响比较大。而低海拔区域红松对当年的气候因子要更敏感一些。有些针对长白山红松垂直分布的树轮研究结果[41,175]表明，最近几十年，随着气温不断升高，相对于低海拔分布的红松，高海拔地段红松年轮宽度指数显著上升。可见，气温升高有利于寒冷区域红松的生长，这与本结果一致。

8.4.2　气候变化情景下红松生长预测

　　很多模型模拟结果显示，在气候持续变化的情况下，东北红松林可能有一个快速衰退的过程，红松的分布可能会改变。如延晓冬等[146]模型模拟结果显示，在 GFDL $2\times CO_2$ 和 GISS $2\times CO_2$ 气候变化情景下，小兴安岭五营地区的阔叶红松林将在模拟不到 80 年后就消失了，未来 100 年落叶阔叶树将取代目前小兴安岭的红松。程肖侠等[208]研究表明，气候增暖（降水不变）下小兴安岭和长白山地区以红松为主的针阔混交林生物量将下降，气候增暖越多，下降趋势越明显；小兴安岭森林垂直分布林线上移；如果降水增加，将减弱温度增加对该区域森林造成的影响。周丹卉等[152]对小兴安岭原始林的研究结果显示，在 CGCM2 情景下，红松生物量先上升后下降，红松针阔混交林将逐渐演替为以色木槭和蒙古栎占优势的阔叶混交林。本研究中通过红松生长与气候因子的关系及气候因子变化的预估对不同样地红松生长进行了预测，发现将来在不同气候变化情景下，只有最南端的白石砬子自然保护区的红松的年轮宽度呈下降趋势，其他 4 个样地红松的生长都呈上升趋势。

　　通过回归分析显示，最南端的白石砬子自然保护区的红松的年轮宽度随着气温的上升下降幅度非常大。按照《Climate change 2014: synthesis report》[277]中

RCP2.6 情景和 RCP8.5 情景下估计的中国东北地区气温上升幅度估计，2081 至 2100 年期间白石砬子自然保护区红松的年轮宽度指数将比 1986—2005 年期间分别下降 0.12 和 0.54，下降幅度比较大。可以预测，如果将来本区域的夜间气温持续增加，尤其是 6 月、9 月和 2 月的气温增加，将使本地区红松的径向生长量急剧下降，从而影响到本地区红松的生长和更新，造成红松林的退化。

最北端的胜山自然保护区的红松三个生长指标随着气温的上升显著上升，且上升幅度很大。可以预测，如果将来本区域的气温持续增加，尤其是最低气温增加，如 10 月、12 月和 7 月的气温增加，将使本地区红松的径向生长、体积生长量及断面积生长量快速增加，促进本地区红松的体积生长量，有利于本区域红松在阔叶红松林中的地位的稳定。

中间纬度的凉水自然保护区的红松的三个生长指标与年气候因子的相关性不显著，近 40 年来，本区域红松的三个生长指标都呈不显著下降趋势。说明本地区红松的生长比较稳定，目前气候因子的变化幅度在其生态幅范围内。但是如果将来 6 月的月平均最高气温的上升幅度达到显著水平，而 6 月和 9 月的降水量变化不显著时，此区域红松的生长也可能会显著下降。

长白山自然保护区低海拔区域和中海拔区域红松的生长趋势在近 40 年都变化不显著，说明本地区红松的生长比较稳定，目前气候因子的变化幅度在其生态幅范围内。如果按照《Climate change 2014: synthesis report》[277] 中 RCP2.6 和 RCP8.5 情景下预估的中国东北地区降水量增加 10% 或 20%，这两个海拔区域的红松的生长指标会有微弱地上升。按照《东北区域气候变化评估报告决策者摘要及执行摘要 2012》[178] 预估的降水变化趋势，这两个海拔区域的红松的生长指标会有微弱地上升。长白山自然保护区高海拔区域红松的生长趋势在近 40 年显著上升。本区域红松的三个生长指标都随气温的上升显著上升。可以预测，如果将来本区域的气温持续增加，尤其是最低气温增加，如 9 月、10 月和 12 月的气温增加，将使本地区红松的径向生长、体积生长量及断面积生长量快速增加，促进本地区红松的体积生长量，有利于本区域红松在阔叶红松林中的地位的稳定。长白山自然保护区的研究结果与 Yu 等 [123] 和王淼等 [183] 的研究结果一致。

由于《Climate change 2014：synthesis report》[277] 中预估的 2046—2065 年和《东北区域气候变化评估报告决策者摘要及执行摘要 2012》[178] 中预估的 2051—2070 年两者时间较为接近，以及《Climate change 2014：synthesis report》[277] 中预估的 2081—2100 年和《东北区域气候变化评估报告决策者摘要及执行摘要 2012》[178] 中预估的 2071—2100 年两者时间较为接近，因此将采用这两个时间段对同一样地不同的气候情景的红松生长变化情况进行比较。红松的同一生长指标在同一样地不同气候变化情景中的变化幅度是有差异的：2046—2070 年，依据《东北区域气候变化评估报告决策者摘要及执行摘要 2012》[178] 中 SRES 情景预估的东北地区的气温预测的红松的生长指标的变化幅度要高于依据《Climate change 2014：synthesis report》[277] 中 RCP 情景预估的全球平均气温而预测的红松生长指标的变化幅度；2071—2100 年，依据《东北区域气候变化评估报告决策者摘要及执行摘要 2012》[178] 中 SRES 情景预估的东北地区的气温预测的红松的生长指标的变化幅度要高于依据《Climate change 2014：synthesis report》[277] 中 RCP2.6、RCP4.5 两种情景预估的全球平均气温以及东北区域气温而预测的红松生长指标的变化幅度，但略低于 RCP8.5 情景下预估的全球平均气温以及东北区域气温而预测的红松生长指标的变化幅度。

同一时段同一气候变化情景下，不同样地的红松的生长指标的变化幅度也有较大差异。由于凉水自然保护区红松的三个生长指标和白石砬子自然保护区的体积生长量和断面积生长量由于无法定量预估而未参加比较。纬度梯度中，白石砬子自然保护区的变化幅度最大，胜山自然保护区次之，长白山自然保护区低海拔区域第三，说明气候变化对最南部的影响要大于中国最北边的影响。海拔梯度中，长白山自然保护区高海拔的变化幅度最大，低海拔次之，中海拔第三。说明气候变化对分布上限和下限地区的影响要高于中部地区。上限和下限都是红松分布的生态脆弱区，生态系统抵抗能力弱，极易受到气候干扰的影响；而中部地区属于适宜区，生态系统的抵抗能力强，受干扰的影响较小。有一个现象值得注意，同样属于生态脆弱区域，最南端低纬度的白石砬子自然保护区红松年轮宽度对气温上升的敏感性要高于高纬度的胜山自然保护区和高海拔的长白山自然保护区高海拔区域。说明对于红松生长来说，白石砬子自然保护区的生态脆弱性要更高一些。此外，同样属于低温限制的高纬度的胜山自然保护区和高海拔的长白山自然保护区高海拔区域，胜山自然保护区红松生长指标对气温变化的敏感性要高于长白山自然保护区高海拔区域。表明将来气候变暖之后，对胜山自然保护区红松生长的影响要高于长白山自然保护区高海拔区域。

鉴于以上 4 个纬度和 3 个海拔高度红松的径向生长在气候变暖后的动态可以预测，如果气温持续升高，尤其是 6 月平均最高气温持续升高，在海拔梯度上，长白山最高海拔（1 290～1 300 m）的红松的生长速度将有所提高；而中海拔和低海拔区域（740～1 040 m）红松的生长速度有微弱提高，说明气候变化对长白山自然保护区红松的生长还是有利的，这与 Yu 等的研究结果一致[41]。在纬度梯度上，低纬度的红松生长将首先受到影响，生长速率将减慢，会造成原始红松林的退化，阔叶红松林分布区的南缘可能发生北移，或者朝高海拔区域移动；中纬度地区红松受到的影响暂时不明显；最北地区红松径向生长会有所提高。但是，红松分布是否能够北移，目前还不能定论，需要进一步深入研究。因为阔叶红松林适宜于空气湿润、土壤相对肥沃、排水良好的生境。在中国境内如果北移，则红松将进入大兴安岭，而大兴安岭地区受地形地貌影响属于寒温带大陆性季风气候，具有大气干旱、土壤干旱瘠薄的特点，未来气候变暖情景下，大兴安岭地区的降水和空气湿度如何尚需进一步的科学推断。根据 Fang JY[288]、韩进轩[289]、中国科学院林业土壤研究所[290]以及本课题组对红松的天然分布区水平分布温度与降水生态幅的研究显示，红松生态幅的最大范围为：年平均气温 $-1.5℃～10.5℃$，1 月份均温 $-28℃～-4.9℃$，7 月份均温 $16.5℃～25.0℃$，降水量 500 mm～1 073 mm。现在中国境内胜山自然保护区以北的区域气候条件很难满足红松生长的要求，只有在气温上升且降水量增加较多的情况下才有可能满足红松的生长。仅从气候角度考虑，如《东北区域气候变化评估报告决策者摘要及执行摘要 2012》[178] 中 SRES 情景下 2051—2100 年气温上升 $2.04℃～4.3℃$、降水量上升 7.56%～13.5% 时，大兴安岭东坡的塔河、新林、呼玛、大兴安岭等部分土壤较厚地区可能适宜红松生存。在《Climate change 2014：synthesis report》[178] 中 RCP 情景下气温大幅度上升，降水量增加 10% ~ 20% 时，大兴安岭东坡的漠河、塔河、新林、呼玛、大兴安岭、图里河等部分土壤较厚地区可能适宜红松生存，这样阔叶红松林在全球分布的西北界限将发生改变。但是红松在气候条件适宜时是否能朝西北成功迁移，还需要进一步研究。主要是土壤特性的改变需要相当长的时间，此外这些地方历史以来没有红松生存，还涉及物种迁移、定居、种间竞争、反应、群聚、稳定等一系列生态学过程。综上，未来气温升高、降水不变的气候条件下可能导致在中国境内红松分布区缩小。

8.4.3 纬度梯度与海拔梯度的相似性

Fritts 等[205]指出树木的径向生长会沿着生态梯度变化而不同。随着纬度梯度的升高，气温会逐渐降低；随着海拔梯度的升高，气温也会逐渐降低。纬度梯度和海拔梯度上气温这个生态因子的变化具有类似性。在本研究中，发现红松年轮宽度、体积生长量和断面积生长量这三个生长指标在纬度梯度和海拔梯度上的变化也表现为一定的类似性。如近 40 年，高纬度的胜山自然保护区和高海拔的长白山自然保护区高海拔区域的红松的三个生长指标都显著上升，都与当地的气温因子尤其是最低气温响应显著，在将来的气候变化情景下，两个地区红松的三个生长指标也都表现为较大上升幅度。

以长白山自然保护区低海拔区域为交叉样地，在纬度梯度上，从低纬度到高纬度，影响红松生长的关键气候因子由水分因子逐渐过渡到气温因子；在海拔梯度上，从低海拔到高海拔也表现为如此规律。但遗憾的是，由于长白山自然保护区低海拔区域不是红松在此纬度生长的海拔下限，无法与最低纬度的白石砬子自然保护区相比较。

红松生长指标对气候因子的敏感性存在纬度上和海拔上近一致的变化规律。表现为低温限制的高纬度和高海拔区域敏感性高，中纬度和中低海拔的敏感性较低。

8.4.4 气候变化情景下阔叶红松林的管理建议

在气候不断变化的将来，南部红松的生长速度将降低，生长量将减小，北部和高纬度地区的红松生长速度将增大。阔叶红松林分布将会发生较大的变化，南界北移，北界往西北迁移，但受到大兴安岭的影响，往西北迁移的空间较小，阔叶红松林的分布区将会缩小。红松是经济价值和生态价值非常高的树种，在气候变化的将来，建议充分保护好现有阔叶红松林天然林。它们是最好的种质资源，也是维持群落类型稳定的基础，对东北森林的结构和动态起到很重要的作用，也是维持中国东北地区生物多样性最好的载体。

6月份是很多地区红松生长的关键月份，高温造成的土壤干旱是影响此时红松生长的限制因子。如果在非常干旱的6月，建议管理部门可以适当地采取人工引水浇灌、人工降雨等措施，补充土壤水分，减少土壤干旱对红松生长的限制。

在保护好天然林的同时，建议适当扩大人工林的栽培并加强人工林的管理。依据气候变化的趋势，在红松分布中心区域、胜山自然保护区周围区域、白石砬子自然保护区偏北区域等区域栽培人工红松林；为了形成稳定的森林群落，建议模拟天然阔叶红松林群落建立仿自然的人工红松林群落。

随时监控阔叶红松林分布区的南北界线以及海拔梯度上限和下限的变化动态，及时掌握阔叶红松林分布区的变化动态。

通过本研究确认气候变化已经影响到不同地区红松的生长速度，气候变化是不是也会影响到红松种子质量和数量、病虫害的强弱等问题呢？后期还需加强气候变化对这些方面的研究，有利于筛选出更适合新的气候环境的优良品种。

8.5 本章小结

本章详细分析了四个自然保护区6个样地气候因子的年际变化情况，探索了6个样地红松年轮宽度、体积生长量和断面积生长量与气候因子的回归关系，并根据两个权威气象预测数据分析在不同气候变化情景下6个样地红松三个生长指标的变化趋势及变化幅度。

结果显示：1970—2011年间，6个样地中，除长白山自然保护区三个海拔样地的年平均最高气温上升不显著外，其他的所有气温因子都呈显著或极显著上升趋势，只是上升幅度存在差异。

在气温显著上升的近 40 年，红松三个生长指标的变化趋势在纬度梯度和海拔梯度上都存在较大差异。纬度梯度上，最南端的白石砬子自然保护区红松的年轮宽度、体积生长量和断面积生长量都呈极显著下降趋势；最北端胜山自然保护区红松的三个生长指标都呈极显著上升趋势；处于中间纬度的长白山自然保护区低海拔区域和凉水自然保护区的红松的标准年表变化趋势不显著。海拔梯度上，高海拔样地红松的三个生长指标都呈显著上升趋势，而中海拔和低海拔样地的三个生长指标都变化不显著。

1970—2011 年间，红松三个生长指标与气候因子的逐步回归分析的结果显示，对于每一个样地来说，影响样地红松三个生长指标的气候因子有同也有异。上一年 10 月的月平均最低气温是影响胜山自然保护区红松生长的三个指标的最关键的气候因子，当年 6 月的月平均最高气温是影响凉水自然保护区红松生长的最关键气候因子，上一年 4 月的降水量是影响长白山自然保护区高海拔区域红松生长的最关键气候因子，上一年 4 月和 5 月的降水量是影响长白山自然保护区中海拔区域红松生长的最关键气候因子，当年 6 月的月平均最高气温是影响长白山自然保护区低海拔区域红松生长的最关键的气温因子，当年 4 月和 6 月的气温因子是影响白石砬子自然保护区红松生长的最关键的气温因子。每个样地除了这些共性的影响因子外，还有一些其他的气候因子也分别影响着红松生长的三个指标。

根据《东北区域气候变化评估报告决策者摘要及执行摘要 2012》和《Climate change 2014: synthesis report》两个权威报告中对年平均气温和年降水量进行的预测数据对 6 个样地红松的三个生长指标进行预估，结果显示，在不同气候变化情景下红松的三个生长指标的变化趋势一致，但变化幅度差异较大。胜山自然保护区和长白山自然保护区高海拔区域红松的三个指标呈较明显上升趋势，长白山自然保护区中海拔和低海拔区域呈微弱上升，凉水自然保护区无法预测，白石砬子自然保护区的年轮宽度呈下降趋势。

红松的同一生长指标在同一样地不同气候变化情景中的变化幅度存在差异。2046—2070 年，依据《东北区域气候变化评估报告决策者摘要及执行摘要 2012》

中 SRES 情景预估的东北地区的气温预测的红松的生长指标的变化幅度要高于依据《Climate change 2014：synthesis report》中 RCP 情景预估的全球平均气温而预测的红松生长指标的变化幅度；2071—2100 年，依据《东北区域气候变化评估报告决策者摘要及执行摘要 2012》[178] 中 SRES 情景预估的东北地区的气温预测的红松的生长指标的变化幅度要高于依据《Climate change 2014：synthesis report》中 RCP2.6、RCP4.5 两种情景预估的全球平均气温以及东北区域气温而预测的红松生长指标的变化幅度，但略低于 RCP8.5 情景下预估的全球平均气温以及东北区域气温而预测的红松生长指标的变化幅度。

同一时段同一气候变化情景下，不同样地的红松的生长指标的变化幅度也有较大差异。纬度梯度中，白石砬子自然保护区的变化幅度最大，胜山自然保护区次之，长白山自然保护区低海拔区域第三。海拔梯度中，长白山自然保护区高海拔的变化幅度最大，低海拔次之，中海拔第三。此外，胜山自然保护区的红松体积生长量和断面积生长量的变化幅度高于长白山自然保护区高海拔样地的变化幅度。

红松生长动态以及年轮气候响应在纬度梯度上的变化趋势和海拔梯度上的变化规律有一定的相似性。高纬度地区和高海拔地区近 40 年来红松的径向生长、体积生长量和断面积生长量都呈显著上升趋势；影响三个生长指标变化的最关键气候因子都是气温因子，尤其是低温限制非常显著；气候变化情景中预测的两个区域红松生长动态都是呈较显著上升趋势。而低纬度地区的特征与高纬度地区的特征相反，三个生长指标都呈显著下降趋势，影响这些指标的关键气候因子是高温限制作用；将来红松生长的动态是下降的趋势。以长白山自然保护区低海拔区域为交叉样地，在纬度梯度上，从低纬度到高纬度，影响红松生长的关键气候因子由水分因子逐渐过渡到气温因子；在海拔梯度上，也表现为如此规律。

如果气温持续升高，尤其是 6 月平均最高气温持续升高，在海拔梯度上，长白山最高海拔（1 290～1 300 m）的红松的生长将有所提高，分布上限可能上移；而中海拔和低海拔区域（740～1 040 m）红松的生长有微弱提高，总体分布不会发生改变。在纬度梯度上，低纬度的红松生长速率减慢，会造成原始红松林的退化，阔叶红松林分布区的南缘可能发生北移；中纬度地区红松受到的影响暂时不明显；

最北地区红松径向生长会有所提高。仅从气候因子角度考虑，在 2050—2011 年的某些气候变化情景下（气温和降水量都大幅度增加），红松可能会朝大兴安岭东坡部分土壤条件好的地方迁移。

结　论

　　本文针对引言中提到的科学问题，系统地分析了纬度梯度、海拔梯度、品种变异、径级大小等因素对红松径向生长、体积生长量和断面积生长量的影响，并对几种不同气候变化情景下红松生长的变化动态进行了模拟预测，实现了研究目标，主要研究结果如下：

　　（1）红松径向生长与气候因子的关系具有明显的纬度梯度差异和海拔梯度差异。最南端的白石砬子自然保护区红松径向生长主要对生长季的高温和降水敏感，而最北端的胜山自然保护区主要对每个月的气温因子（尤其是最低气温）都很敏感；中间纬度的长白山低海拔地区主要对生长季水分因子敏感，凉水自然保护区主要对当年6月的气温和水分因子敏感。四个纬度梯度样地的响应情况也有一些，四个纬度梯度样地红松的径向生长都与生长季的气候因子显著相关，尤其是与当年6月的平均最高气温呈显著负相关，对6月份的其他气候因子也都比较敏感。在长白山自然保护区的三个海拔梯度样地中，随着海拔高度的升高，红松径向生长速率逐渐降低，年均年轮宽度越来越小。三个海拔样地中高海拔红松径向生长对气候因子的变化最敏感。高海拔地区红松径向生长对气温因子（尤其是最低气温）比水分因子更敏感；中海拔地区红松主要受上一年水分因子影响较大，而低海拔地区红松则对当年水分因子更敏感。

　　（2）红松种内变异类型对气候因子响应的研究表明，细皮红松（原变种）及其变种粗皮红松的径向生长对气候因子的响应无显著差异。凉水自然保护区内细皮红松（原变种）及其变型粗皮红松两者的生长变动情况很相似。两者径向生长对气候因子的响应无显著差异，温度、降水量和 PDSI 都显著影响它们的径向生长，其中，当年 6 月气候因子对两者的生长影响最为显著。红松径向生长与气候因子响应关系在长时间内不是很稳定，在气候变化显著的 1970 年之后，两种皮型红松都表现为对气候因子的敏感性明显增强。

（3）不同径级的红松径向生长与气候因子关系存在一定差异。大径级红松年表包含更多的气象信息，更适合进行年轮气候响应分析。每个样地内大径级和小径级红松年表在公共区间内较长时间尺度的变化趋势很接近，但在较小时间尺度上变化趋势存在一定差异。大径级红松和小径级红松对当地气候因子的响应有很多共同的地方，但小径级红松对上一年气候因子更敏感，大径级红松对当年（尤其是当年生长季）的气候因子更敏感。

（4）红松的体积生长量和断面积生长量值及其与气候因子的响应关系在纬度梯度上和海拔梯度上也存在差异。近 50 年，纬度梯度上，两个生长指标都是长白山自然保护区低海拔样地的值最高，胜山自然保护区样地次之，凉水自然保护区样地第三，而白石砬子自然保护区样地的最低；海拔梯度上，低海拔值最高，中海拔次之，高海拔最低。同一个样地内两个生长指标的变化趋势很接近，但是存在显著的纬度梯度差异和海拔梯度差异。近 50 多年，纬度梯度上，最南端样地呈先升后降的趋势，中心分布区两个样地呈上下波动的趋势，最北端样地呈极显著上升趋势；海拔梯度上，低海拔区域和中海拔区域呈波动趋势，而高海拔样地呈极显著上升趋势。同一个样地内红松的两个生长指标与气候因子的相关性有很大的一致性，但在 6 个样地间存在相同之处，也存在不同的地方。相同之处主要表现为两个方面。一是，月平均最低气温对 6 个样地的红松体积生长量和断面积生长量的影响非常大，且呈正相关。二是，高海拔样地和高纬度样地这两个生长指标对气候因子的响应存在较大的相似性，低温是两个区域红松生长的最重要的限制因子。不同之处也表现为两个方面。一是，存在纬度梯度上的差异。最南端（白石砬子自然保护区）受气温的影响更大；长白山自然保护区低海拔样地受水分和气温因子（尤其月平均最低气温）影响都较大；凉水自然保护区主要受生长季（尤其是当年 6 月和 7 月份）的气候因子影响大；最北端（胜山自然保护区）主要与气温因子（尤其是月平均最低气温和月平均气温）相关显著。二是，存在海拔梯度上的差异。低海拔地区主要受生长季的高温和水分以及每个季节的最低气温影响比较大，中海拔样地受生长季的水分因子（降水和 PDSI）影响较大，而高海拔地区受低温影响较大。6 个样地红松的三个生长指标的变化趋势一致，但是三者对气候因子的响应存在一些差异。红松的体积生长量对上一年（尤其是上一年 8、9 月份）的气候因子的敏感性大于断面积生长量和年轮宽度的敏感性。

（5）红松生长动态以及红松生长 - 气候响应在纬度梯度上的变化趋势和海拔梯度上的变化规律有一定的相似性。高纬度地区和高海拔地区近 40 年来红松的三个生长指标都呈显著上升趋势，预测将来的变化趋势也是上升趋势；影响三个生长指标变化的最关键气候因子都是气温因子（尤其是最低气温）。低纬度地区的特征与高纬度地区的特征相反，近 40 年来红松的三个生长指标都呈显著下降趋势，气候变化的将来也是下降趋势，影响这些指标的关键气候因子是高温限制作用。以长白山自然保护区低海拔区域为中心点，在纬度梯度上，从低纬度到高纬度，影响红松生长的关键气候因子由水分因子逐渐过渡到气温因子；在海拔梯度上，从低海拔到高海拔，也表现为如此规律。

（6）1970—2011 年，6 个样地中，除长白山自然保护区三个海拔样地的年平均最高气温上升不显著外，其他各项气温因子都呈显著或极显著上升趋势，其中年均最低气温上升幅度最大。最北端胜山自然保护区的气温上升幅度最显著。6 个样地的年降水量变化都不显著。近 40 年，红松的生长速度已经发生了一定程度的改变，变化趋势存在纬度梯度和海拔梯度上的差异。纬度梯度上，最南端（白石砬子）的三个生长指标都呈极显著下降趋势，最北端（胜山）的三个生长指标都呈极显著上升趋势，中心分布区的长白山自然保护区低海拔区域和凉水自然保护区的三个生长指标变化都不显著。海拔梯度上，高海拔样地红松的三个生长指标都呈显著上升趋势，中海拔和低海拔样地的三个生长指标都变化不显著。根据《东北区域气候变化评估报告决策者摘要及执行摘要 2012》和《Climatechange2014：synthesisreport》两个权威报告中对年平均气温和年降水量进行的预测数据对 6 个样地红松的三个生长指标进行预估，结果显示，同一样地在不同气候变化情景下红松的三个生长指标的变化趋势一致，但变化幅度差异较大。不同样地之间差异较大，胜山自然保护区和长白山自然保护区高海拔区域红松的三个指标呈较明显上升趋势，长白山自然保护区中海拔和低海拔区域呈微弱上升，凉水自然保护区无法预测，白石砬子自然保护区的年轮宽度呈下降趋势。同一时段同一气候变化情景下，不同样地红松的生长指标的变化幅度也有较大差异。纬度梯度中，白石砬子自然保护区的变化幅度最大，胜山自然保护区次之，长白山自然保护区低海拔区域第三。海拔梯度中，长白山自然保护区高海拔的变化幅度最大，低海拔次之，中海拔第三。此外，胜山自然保护区的红松体积生长量和断面积生长量的变化幅度高于长白山自然保护区高海拔样地的变化幅度。

（7）气候变化情景下使红松的生长速度发生改变，会影响到阔叶红松林分布格局的改变，进一步促使东北森林生态系统的格局发生一定程度的改变。气候变化情景下，中国东北阔叶红松林的最南部（白石砬子自然保护区）的生长速度和生产力都将下降，在气温上升显著的将来，阔叶红松林分布的南部界限会北移或者朝更高海拔高度迁移。红松分布中心地区（长白山自然保护区 740～1 040 m 海拔范围和凉水自然保护区）阔叶红松林受到的影响暂时不明显；最北地区（胜山自然保护区）和高海拔地区（长白山自然保护区 1 290～1 300 m）红松生长速度和生产力将会有所提高，阔叶红松林分布的海拔上限可能上升。仅从气候因子角度考虑，在 2050—2100 年的某些气候变化情景下，气温和降水都大幅度升高，阔叶红松林可能会朝大兴安岭东坡部分土壤条件好的地方迁移，将造成阔叶红松林在全球分布的西北界限和中国分布的北界发生改变。但是实际情况下阔叶红松林在我国境内是否能朝西北方向迁移成功，还需要进一步深入研究。为了更准确地判断红松在中国分布区是否会发生北移，下一步需要进一步研究胜山自然保护区西北部地区的生态因子的变化动态以及阔叶红松林群落的更新动态，为准确预测中国阔叶红松林的北部界限的动态以及全球阔叶红松林西北界限动态提供科学依据，这是下一步工作的重点。

参考文献

[1] IPCC. Climate change 2014: synthesis report[M]. Cambridge, USA: Cambridge University Press, 2014.

[2] GATES D M. Climate change and forests[J]. Tree Physiology, 1990(7): 1-5.

[3] SHUGART H H, SMITH T M, POST W M. The application for application of individual based simulation models for assessing the effects of global change[J]. Annual Reviews of Ecology and Systematics, 1992(23): 15-38.

[4] SYKES M T, PRENTICE I C. Climate change, case study in the mixed conifer/ hardwoods tree species distributions and forest dynamics: a zone of northern Europe [J]. Climatic Change, 1996(34): 161-177.

[5] FOLEY J A, KUTZBACH J E,COE M T, et al. Feedbacks between climate and boreal forests during the Holocene epoch[J]. Nature, 1994(371): 52-54.

[6] LINDNER M, MAROSCHEK M, NETHERER S, et al. Climate change impacts, adaptive capacity, and vulnerability of European forest ecosystems[J]. Forest Ecology and Management, 2010(259): 698-709.

[7] CRIMMINS S M, DOBROWISKI S Z, GRENNBERG J A, et al. Changes in climatic water balance drive downhill shifts in plant species' optimum elevations[J]. Science, 2011(331): 324-327.

[8] MOUILLOT F, RAMBAL S, JOFFRE R. Simulating climate change impacts on fire frequency and vegetation dynamics in a Mediterranean-type ecosystem[J].

Global Change Biology, 2002(8): 423-437.

[9] SOLOMON A M. Transient response of forest to CO_2 induced climate change: simulation modeling experiments in eastern North America[J]. Oecologia, 1986(68): 567-579.

[10] SOLOMON A M. Transient response of terrestrial C storage to climate change: Modeling C dynamics at varying temporal and spatial scales[J]. Water, Air & Soil Pollution, 1986(64): 307-326.

[11] SHUGART H H, SMITH T M. A review of forest patch models and their application to global change research[J]. Climate Change, 1996 (34): 131-153.

[12] PASTOR J, POST W M. Response of northern forests to CO_2-induced climate change[J]. Nature, 1988(333): 55-58.

[13] 陈列 . 长白山阔叶红松林主要树种种群结构及其林木径向生长对气候响应 [D]. 北京：北京林业大学，2014.

[14] WOODWARD F I, CRAMER W. Plant functional types and climatic changes: introduction[J]. Journal of Vegetation Science, 1996(7): 306-308.

[15] CULLEN L E, PALMER J G, DUNCAN R P, et al. Climate change and tree-ring relationships of Nothofagus menziesii tree-line forests[J]. Carnadian Journal of Forest Research, 2001(31): 1981-1991.

[16] 崔海亭, 刘鸿雁, 戴君虎. 山地生态学与高山林线研究 [M]. 北京: 科学出版社, 2005.

[17] SRZEPEK K M, SMITH J B. Climate change international impacts and implications [M]. Cambridge UK: Cambridge University Press, 1995: 59-78.

[18] 魏亚伟，于大炮，王清君，等 . 东北林区主要森林类型土壤有机碳密度及其影响因素 [J]. 应用生态学报，2013，24（12）：3333-3340.

[19] WANG S P, WANG Z H, PIAO S L, et al. Regional differences in the timing of recent air warming during the past four decades in China[J]. Science Bulletin,

2010, 55(19): 1968-1973.

[20] 项连东，李旭军，缪启龙，等 . 1956—2005 年东北地区气温变化特征及其与同纬度海陆气压指数的关系 [J]. 2015（19）： 190-194.

[21] WANG Y P, HUNAG Y, ZHANG W. Variation and tendency of surface aridity index from 1960 to 2005 in three provinces of northeast China[J]. Advances in Earth Science, 2008(23): 619-627.

[22] WANG S W, ZHAO Z C, TANG G L. The warming of climate in China[J]. International Politics Quarterly, 2009(30): 1-11.

[23] 卫林，王辉民，王其冬，等 . 气候变化对中国红松林的影响 [J]. 地理研究，1995，14（1）： 17-26.

[24] 李广起，白帆，桑卫国 . 长白山红松和鱼鳞云杉在分布上限的径向生长对气候变暖的不同响应 [J]. 植物生态学报，2011，35（5）： 500-511.

[25] 尹璐，安宁，龙良平，等 . 中国红松年轮纤维素碳同位素组成对中国东部气温变化的响应 [J]. 矿物学报，2005，25（2）： 103-106.

[26] 王晓春，赵玉芳 . 黑河胜山国家自然保护区红松和红皮云杉生长释放判定及解释 [J]. 生态学报，2011，31（5）： 1230-1239.

[27] 王辉，邵雪梅，方修琦，等 . 长白山红松年轮细胞尺度参数对气候要素的响应 [J]. 应用生态学报，2011，22（10）： 2643-2652.

[28] 吴祥定 . 树木年轮与气候变化 [M]. 北京：气象出版社，1990.

[29] 张先亮，崔明星，马艳军，等 . 大兴安岭库都尔地区兴安落叶松年轮宽度年表及其与气候变化的关系 [J]. 应用生态学报，2010，21（10）： 2501-2507.

[30] FRITZ H S. Tree rings and environment: dendroecology[M]. Berne: Paul Haupt Publishers, 1996.

[31] COOK E R. A time series analysis approach to the tree ring standardizations[D]. Arizona: University of Arizona, 1985.

[32] CAMARERO J J, Gutiérrez E. Pace and pattern of recent treeline dynamics: response of ecotones to climatic variability in the Spanish Pyrenees[J]. Climate Change, 2004(63): 181-200.

[33] KRAKAUER N Y, RAMDERSON J T. Do volcanic eruptions enhance or diminish net primary production? Evidence from tree rings[J]. Global Biogeochemical Cycles, 2003, 17(4): 1118.

[34] CHEN P Y, WELSH C, HAMANN A. Geographic variation in growth response of Douglas-fir to interannual climate variability and projected climate change[J]. Global Change Biology, 2010, 16(12): 3374-3385.

[35] GARANT M P, HUANG J G, GER IZQUIERDO G, et al. Use of tree rings to study the effect of climate change on trembling aspen in Québec[J]. Global Change Biology, 2009,16(7): 2039-2051.

[36] ZHANG W T, JIANG Y, DONG M Y, et al. Relationship between the radial growth of Picea meyeri and climate along elevations of he Luyashan Mountain in North-Central China[J]. Forest Ecology and Management, 2012(265): 142-149.

[37] 王婷. 天山中部不同海拔高度天山云杉林的生态学研究 [D]. 武汉：武汉大学，2004.

[38] 高露双. 长白山典型树种径向生长与气候因子的关系研究 [D]. 北京：北京林业大学，2011.

[39] 党海山. 秦巴山地亚高山冷杉林对区域气候的响应 [D]. 武汉：中国科学院武汉植物园，2007.

[40] 赵志江. 川西亚高山岷江冷杉与紫果云杉对气候的响应 [D]. 北京：北京林业大学，2013.

[41] YU D P, LIU J Q, LEWIS B J, et al. Spatial variation and temporal instability in the climate–growth relationship of Korean pine in the Changbai Mountain region of Northeast China[J]. Forest Ecology and Management, 2013(300): 96–105.

[42] ZHU H F, FANG X Q, SHAO X M, et al. Tree ring-based February-April tempera-
ture reconstruction for Changbai Mountain in Northeast China and its implication
for East Asian winter monsoon[J]. Climate of the Past, 2009(5): 661-666.

[43] WANG H, SHAO X M, JIANG Y,et al. The impacts of climate change on the
radial growth of Pinus koraiensis along elevations of Changbai Mountain in
northeastern China[J].Forest Ecology and Management, 2013(289): 333-340.

[44] 李牧, 王晓春. 敦化三大硬阔、红松年轮: 气候关系及生长季低温重建 [J].
南京林业大学学报（自然科学版）, 2013, 37（3）: 29-34.

[45] 尹红, 王靖, 刘洪滨, 等. 小兴安岭红松径向生长对未来气候变化的响应 [J].
生态学报, 2011, 31（24）: 7343-7350.

[46] 王晓明, 赵秀海, 高露双, 等. 长白山北坡不同年龄红松年表及其对气候的
响应 [J]. 生态学报, 2011, 31（21）: 6378-6387.

[47] 高露双, 王晓明, 赵秀海. 长白山阔叶红松林共存树种径向生长对气候变化
的响应 [J]. 北京林业大学学报, 2013, 35（3）: 24-31.

[48] 及莹. 黑龙江红松年轮气候响应及与变暖关系探讨 [D]. 长春: 东北林业大学,
2010.

[49] ORESKES N. Beyond the ivory tower: the scientific consensus on climate change
[J]. Science, 2004, 306 (5702): 1686.

[50] WALTHER G R, POST E, COMVEY P, et al. Ecological responses to recent
climate change[J]. Nature, 2002, 416(6879): 389-395.

[51] SMITH M D, KNAPP A K, COLLINS S L. A framework for assessing ecosystem
dynamics in response to chronic resource alterations induced by global change[J].
Ecology, 2009, 90(12): 3279-3289.

[52] SUN Y, WANG L L, CHEN J. Growth characteristics and response to climate
change of Larix Miller tree-ring in China[J]. Science China Earth Sciences, 2010,
53(6): 871-879.

[53] 高露双，王晓明，赵秀海 . 长白山过渡带红松和鱼鳞云杉径向生长对气候因子的响应 [J]. 植物生态学报，2011，35（1）：27-34.

[54] SZEICZ J M, MACDONALD G M. Agedependent tree-ring growth responses of subarctic white spruce to climate[J]. Canadian Journal of Forest Research, 1994, 24 (1): 120-132.

[55] CARRER M, URBINATI C. Age-dependent tree-ring growth responses to climate in Larix declidua and Pinus cembra[J]. Ecology, 2004, 85(3): 730-740.

[56] ROZAS V, DESOTO L, OLANO J M. Sex-pecific, age-dependent sensitivity of tree-ring growth to climate in the dioecious tree Juniperus thurifera[J]. New Phytologist, 2009, 182 (3): 687-697.

[57] 陈隆勋，朱文琴 . 近 45 年中国气候变化的研究 [J]. 气象学报，1998，56（3）：257-271.

[58] 刘实，王宁 . 前期 ENSO 事件对东北地区夏季气温的影响 [J]. 热带气象学报，2001，17（3）：314-319.

[59] 杨素英，王谦谦 . 近 50 年东北地区夏季气温异常的时空变化特征 [J]. 南京气象学院学报，2003，26（5）：653-660.

[60] 陈大坷 . 红松阔叶林系统发生评述 [J]. 东北林学院学报，1982，10（增刊）：1-12.

[61] 李景文 . 红松混交林生态与经营 [M]. 哈尔滨：东北林业大学出版社，1997.

[62] 王业蘧等 . 阔叶红松林 [M]. 哈尔滨：东北林业大学出版社，1994.

[63] 刘慎愕 . 东北木本植物图志 [M]. 北京：科学出版社，1955.

[64] 周以良 . 小兴安岭木本植物 [M]. 北京：中国林业出版社，1955.

[65] 吴中伦 . 中国松树的分类与分布 [J]. 植物分类学报，1956（3）：131-163.

[66] 赵光仪 . 关于西伯利亚红松在大兴安岭的分布以及中国红松西北限的探讨 [J]. 东北林学院学报，1981（2）：31-38.

[67] 臧润国. 红松阔叶林林冠空隙动态的研究 [D]. 北京：北京林业大学，1995.

[68] 李景文，刘庆良. 红松人工林的生长与抚育 [J]. 中国林业科学，1976（2）：39-46.

[69] 周晓峰，王义弘，越惠勋. 几个主要用材树种的生长节律（一）[J]. 东北林学院学报，1981（2）：49-60.

[70] 程伯容等. 长白山红松阔叶林的生物养分循环 [J]. 土壤学报，1987，24（2）：160-169.

[71] SPEER J H. Fundamentals of tree ring research[M]. Tucson, Arizona: The University of Arizona Press, 2010.

[72] FRITTS H C. Tree rings and climate[M]. London: Academic Press, 1976.

[73] 徐翔宇. 西北干旱区山地不同生境下树轮气候响应研究 [D]. 兰州：兰州大学，2016.

[74] HOLMES R L. Computer-assisted quality control in tree-ring dating and measurement [J]. Tree-ring Bulletin, 1983(43): 69-75.

[75] COOK E R, KAIRIUKSTIC L A, et al. Methods of dendrochronology[M]. Boston, MA: Kulwer Academic Publishers, 1990.

[76] ESPER J, COOK E R, SCHWEINGRUBER F H. Low-frequency signals in long tree-ring chronologies for reconstructing past temperature variability[J]. Science, 2002, 295(5563): 2250-2253.

[77] MELVIN T M, BRIFFA K R. A "signal-free" approach to dendroclimatic standardi-zation[J]. Dendrochronologia, 2008, 26(2): 71-86.

[78] 马志远，高露双，郭静，等. TSAP 软件和 COFECHA 软件交叉定年差异研究：以长白山阔叶红松林优势树种红松为例 [J]. 四川农业大学学报，2014，32（2）：141-147.

[79] WATMOUGH S A. An evaluation of the use of dendrochemical analyses in environmental monitoring[J]. Environmental reviews, 1997, 5(3-4): 181-201.

[80] ANDERSON S, FLYNN K M, ODOM J W, et al. Lead accumulation in Quercus nigra and Q[J]. velutina near smelting facilities in Alabama, USA. Water, Air, & Soil Pollution, 2000, 118(1): 1-11.

[81] WATT S F, PYLE D M, MATHER T A, et al. The use of tree-rings and foliage as an archive of volcanogenic cation deposition[J]. Environmental Pollution, 2007, 148(1): 48-61.

[82] KUANG Y W, WEN D Z, ZHOU G Y, et al. Reconstruction of soil pH by dendrochemistry of Masson pine at two forested sites in the Pearl River Delta, South China[J]. Annals of forest science, 2008, 65(8): 804-804.

[83] SIWK E I, CAMPBELL L M, MIERLE G, et al. Distribution and trends of mercury in deciduous tree cores[J]. Environmental Pollution, 2010, 158(6): 2067-2073.

[84] 杨银科, 王文科, 邓红章, 等. 树木年轮中硫、铅元素含量与环境变化 [J]. 科学技术与工程, 2012, 12（28）: 7309-7313.

[85] DARIKOVA Y A, VAGANOV E A, KUZNETSOVA G V, et al. Changes in the anatomical structure of tree rings of the rootstock and scion in the heterografts of Siberian pine[J]. Trees, 2013, 27(6): 1621-1631.

[86] 王辉, 江源, 崔玉娟, 等. 长白山红松和鱼鳞云杉年轮细胞尺度参数对气候要素的响应 [J]. 北京师范大学学报（自然科学版）, 2014, 50（3）: 293-297.

[87] WOODCOCK D W. Climate sensitivity of wood-anatomical features in a ring-porous oak (Quercus macrocarpa)[J]. Canadian Journal of Forest Research, 1989 (19): 639-644.

[88] PANUSHKINA I P, HUGHES M K, VANGANOV E A, et al. Summer temperature in northeastern Siberia since 1642 reconstructed from tracheid dimensins and cell numbers of Larix cajanderi[J]. Canadian Jouranl of Forest Research, 2003(33): 1905-1944.

[89] VAGANOV E A, ANCHUKKAITIS K J, EVANS M N. How well understood are the process that create dendroclimate records? A mechsnistic model of the climatic contor on conifer tree-ring growth dynamics[J]. Springer Netherlands, 2011(11): 37-75.

[90] BTIENEN R, WANEK W, HIETZ P. Stable carbon isotopes in tree rings indicate improved water use efficiency and drought responses of a tropical dry forest tree species[J]. Trees, 2010, 25(1): 103-113.

[91] 蔡婷. 上海市环城绿带常见乔木年轮的环境磁学特征 [D]. 上海：华东师范大学，2015.

[92] 张春霞，黄宝春. 环境磁学在城市环境污染监测中的应用和进展 [J]. 地球物理学进展，2005，20（3）：705-711.

[93] 张春霞，黄宝春，骆仁松，等. 钢铁厂附近树木年轮的磁学性质及其环境意义 [J]. 第四纪研究，2007，27（6）：1092-1104.

[94] 吴祥定，邵雪梅. 采用树轮宽度资料分析气候变化对树木生长量影响的尝试 [J]. 地理学报，1996，51（增刊）：92-101.

[95] 雷静品，肖文发，黄志霖，等. 云阳马尾松树轮宽度年表特征研究 [J]. 林业科学研究，2009，22（2）：269-273.

[96] KORPELA M, Mäkinen H, SULKAVA M, et al. Smoothed prediction of the onset of tree stem radius increase based on temperature patterns[J]. Lecture Notes in Computer Science, 2008(5255): 100-111.

[97] SEO J W, ECKSTEIN D, JALKANEN R, et al. Climatic control of intra-and inter-annual wood-formation dynamics of Scots pine in northern Finland[J]. Environmental and Experimental Botany, 2011(72): 422-431.

[98] LEVANIČ T, GRIČAR J, GAGEN M, et al. The climate sensitivity of Norway spruce [picea abies(L.)Karst.] in the southeastern European Alps[J]. Trees, 2008 (23): 169-180.

[99] PLOMION C, LEPROVOST C, STOKES A. Wood formation in trees[J]. Plant Physiology, 2001(127): 1513-1523.

[100] NÖJB P, HENTTONEN H M, M KINEN. Increment cores from the finnish national forest inventory as a source of information for studying intra-annual wood formation[J]. Dendrochronologia, 2008(26): 133-140.

[101] COOK E R, KAIRIUKSTIS L A. Mothods of dendrochronology: applications in the environmental sciences[M]. Netherlands: Kluwer Academic Publishers, 1990.

[102] FONTI P, GARCÍA-GONZÁLEZ I. Suitability of chestnut earlywood vessel chronologies for ecological studies[J]. New physiologist, 2004(163): 77.

[103] CAMPELO F, NABAIS C, GUTIÉRREZ E, et al. Vessel features of Quercus ilex L. growing under Mediterranean climate have a better climatic signal than tree-ring width[J]. Trees, 2010(24): 463-470.

[104] 贺敏慧，杨保.使用微树芯方法监测树木径向生长变化的研究综述 [J].中国沙漠，2014，34（4）：1133-1142.

[105] 刘玉佳.模拟干旱与变暖对兴安落叶松径向生长的影响 [D].哈尔滨：东北林业大学，2015.

[106] 李露露.辽宁省人工林樟子松对气候变化响应的树木年轮学研究 [D].沈阳：沈阳农业大学，2015.

[107] 成泽虎.基于树轮宽度的北京松山油松林生长气候关系研究 [D].北京：北京林业大学硕士论文，2016.

[108] JACOBY G, DARRIGO R, DAVAJAMTS T, et al.Mongolian tree ring and 20th century warming[J]. Science, 1996(273): 771-773.

[109] D'ARRIGO R D, VILLALBA R, WILES G. Tree-ring estimates of Pacific decadal climate variability[J]. Climate Dynamics, 2001(18): 219-224.

[110] FRIEDRICH M, REMMELEL S, KROMER B, et al. The 12,460-year Hohenheim oak and pine tree-ring chronology from Central Europe. a unique annual record

for radiocarbon calibration and paleoenvironment reconstructions[J]. Radiocarbon, 2004, 46(3): 1111-1122.

[111] DEAN J S, MEKO D M, SWETNAM T W, et al. Tree rings, environment and humanity[D]. Tuscan: Department of Geosciences, The University of Arizona, 1996.

[112] 海丽其姑•阿不来海提. 阿勒泰地区中部森林中下部林缘树木年轮气候分析与重建 [D]. 乌鲁木齐：新疆师范大学，2015.

[113] 张寒松. 长白山典型森林植被树木年轮资料与气候变化的关系 [D]. 哈尔滨：东北林业大学，2007.

[114] Schweingruber FH. Tree rings and environment: dendroecology[M]. Berne: Paul Haupt Publishers, 1996.

[115] 白学平. 兴安落叶松径向生长对气候响应的滞后性研究 [D]. 沈阳：沈阳农业大学，2016.

[116] 赵娟，宋媛，孙涛，等. 红松和蒙古栎种子萌发及幼苗生长对升温与降水综合作用的响应 [J]. 生态学报，2012，32（24）：7791-7800.

[117] 宋媛. 温度升高和干旱处理对红松种子萌发及幼苗生长的影响 [D]. 哈尔滨：东北林业大学，2013.

[118] 刘瑞鹏，毛子军，李兴欢，等. 模拟增温和不同凋落物基质质量对凋落物分解速率的影响 [J]. 生态学报，2013，33（18）：5661-5667.

[119] 郭建平，高素华，王连敏，等. CO_2 浓度与土壤水分胁迫对红松和云杉苗木影响的试验研究 [J]. 气象学报，2004，62（4）：493-497.

[120] 于健，罗春旺，徐倩倩，等. 长白山原始林红松径向生长及林分碳汇潜力 [J]. 生态学报，2016，36（9）：2626-2636.

[121] 李牧. 东北三大硬阔年轮与气候关系 [D]. 哈尔滨：东北林业大学，2013.

[122] 尹红，郭品文，刘洪滨，等. 利用树轮重建小兴安岭五营 1796 年以来的温度变化 [J]. 气候变化研究进展.2009，5（1）：18-23.

[123] YU D P, WANG Q W, WANG Y, et al. Climatic effects on radial growth of major tree species on Changbai Mountain[J]. Annuals of Forest Science, 2011(68): 921-933.

[124] 陈力, 尹云鹤, 赵东升, 等. 长白山不同海拔树木生长对气候变化的响应差异 [J]. 生态学报, 2014, 34（6）: 1568-1574.

[125] Wang H, Shao XM, Jiang Yuan, et al. The impacts of climate change on the radial growth of Pinus koraiensis along elevations of Changbai Mountain in northeastern China[J]. Forest Ecology and Management. 2013(289): 333-340.

[126] 陈列, 高露双, 张赟, 等. 长白山北坡不同林型内红松年表特征及其与气候因子的关系 [J]. 生态学报, 2013, 33（4）: 1285-1291.

[127] Cook,ER, Kairiukstis LA. Methods of dendrochronology: applications in the environmental sciences[M]. Kluwer Academic Publishers, 1990.

[128] 朱良军, 杨婧雯, 朱辰, 等. 林隙干扰和升温对小兴安岭红松和臭冷杉径向生长的影响 [J]. 生态学杂志, 2015, 34（8）: 2085-2095.

[129] 高露双, 赵秀海, 王晓明. 火干扰后红松生长与气候因子的关系 [J]. 生态学报, 2009, 29（11）: 5963-5970.

[130] 高露双, 赵秀海, 王晓明. 长白山火烧红松年表特征分析 [J]. 林业科学, 2011, 47（3）: 189-193.

[131] Cook ER, Kairiukstis LA, et al. Methods of dendrochronology: applications in the environmental sciences[M]. Dordrecht: Kluwer Academic Publishers, 1990.

[132] Kozlowski TT, Pallardy SG. Growth control in woody plants[M]. San Diego: Academic Press, 1997.

[133] LEAVITT S W. Tree-ring C-H-O isotope variability and sampling[J]. Science of the Total Environment, 2010, 408(22): 5244-5253.

[134] 张雪, 高露双, 丘阳, 等. 长白山红松（Pinuskoraiensis）不同树高处径向生长特征及其对气候响应研究 [J]. 生态学报, 2015, 35(9): 1-10.

[135] Arnon D I. Copper enzymes in isolated chloroplasts. Polyphenol oxidase in Beta vulgaris[J]. Plant Physiology, 1949, 24(1): 1-15.

[136] WANG X C, SUN L, ZHOU X F. Dynamic of forest landscape in Heilongjiang Province for one century[J]. Journal of Forestry Research, 2003, 14(1): 39-45.

[137] 徐德应, 郭泉水, 阎红. 气候变化对中国森林影响研究 [M]. 北京: 中国科学技术出版社, 1997.

[138] 郭泉水, 阎洪, 徐德应. 气候变化对中国红松林地理分布影响的研究 [J]. 生态学报, 1998, 18（5）: 484-488.

[139] 吴正方, 邓慧平. 东北阔叶红松林全球气候变化响应研究 [J].1996, 51（增刊）: 81-91.

[140] 刘丹, 那继海, 杜春英. 19612003 年黑龙江省主要树种的生态地理分布变化 [J]. 气候变化研究进展, 2007, 3（2）: 100-105.

[141] 刘丹, 杜春英, 于成龙, 等. 黑龙江省兴安落叶松和红松的生态地理分布变化 [J]. 安徽农业科学.2011, 39（16）: 9643-9645.

[142] 邓慧平, 吴正方, 周道玮. 全球气候变化对小兴安岭阔叶红松林影响的动态模拟研究 [J]. 应用生态学报, 2000, 11（1）: 43-46.

[143] 陈雄文, 王凤友. 林窗模型 BKPF 模拟红松针阔叶混交林群落对气候变化的潜在反应 [J]. 植物生态学报, 2000, 24（3）: 327-331.

[144] 程肖侠, 延晓冬. 气候变化对中国东北主要森林类型的影响 [J]. 生态学报, 2008, 28（2）: 534-543.

[145] 程肖侠, 延晓冬. 气候变化对中国大兴安岭森林演替动态的影响 [J]. 生态学杂志, 2007, 26（8）: 1277-1284.

[146] 延晓冬, 赵士洞, 符淙斌, 等. 气候变化背景下小兴安岭天然林的模拟研究 [J]. 自然资源学报, 1999, 14（4）: 372-376.

[147] ZHAO S, YAN X, YANG S, et al. Simulating responses of Northeastern China forests to potential climate change[J]. Journal of Forestry Researeh, 1998, 9(3):

166-172.

[148] 张峥. 气候变暖对小兴安岭主要树种的潜在影响 [J]. 现代农业科技，2011
（13）：173-176，179.

[149] 张雷. 气候变化对中国主要造林树种 / 自然植被地理分布的影响预估及不确
定性分析 [D]. 北京：中国林业科学研究院，2011.

[150] 宋新强. LCFORSA 林隙模型的建立及在全球气候变化研究中的应用 [D]. 哈
尔滨：东北林业大学，2002.

[151] 冷文芳. 气候变化条件下东北森林主要建群种的空间分布 [J]. 生态学报，
2006，26（12）：4257-4266.

[152] 周丹卉，贺红士，李秀珍，等. 小兴安岭不同年龄林分对气候变化的潜在响
应 [J]. 北京林业大学学报，2007，29（4）：110-117.

[153] 金森. 气候变化对中国东北温带针阔混交林和落叶阔叶次生林影响的模型研
究 [D]. 哈尔滨：东北林业大学，2003.

[154] 王晓春，赵玉芳. 黑河胜山国家自然保护区红松和红皮云杉生长释放判定及
解释 [J]. 生态学报，2011，31（5）：1230-1239.

[155] 刘敏，毛子军，厉悦，等. 凉水自然保护区不同皮型红松径向生长对气候的
响应 [J]. 应用生态学报，2014，25（9）：2511-2520.

[156] 马克平，周以良，聂绍荃，等. 黑龙江省胜山猎场野生动物栖息植被的研究 [J].
植物学通报，1995（12）：217-135.

[157] 马玉心，蔡体久，谭晓京，等. 凉水原始红松阔叶林种子植物区系研究 [J].
东北师大学报（自然科学版），2007，39（1）：84-90.

[158] 刘敏，毛子军，厉悦，等. 凉水自然保护区不同皮型红松径向生长对气候的
响应 [J]. 应用生态学报，2014，25（9）：2511-2520.

[159] 徐丽娜，金光泽. 小兴安岭凉水典型阔叶红松林动态监测样地：物种组成与
群落结构 [J]. 生物多样性，2012，20（4）：470-481.

[160] 李志宏. 阔叶红松林主要组成树种树冠特征及其对更新的影响 [D]. 哈尔滨：东北林业大学，2009.

[161] 王淼，姬兰柱，李秋荣，等. 土壤温度和水分对长白山不同森林类型土壤呼吸的影响 [J]. 应用生态学报，2003，14（8）：1234-1235.

[162] 郝占庆，郭水良，曹同. 长白山植物多样性及其格局 [M]. 沈阳：辽宁科学技术出版社，2002.

[163] 长白山自然保护区简介 [OL]. http:// cbs.jl.gov.cn/ EcologyWeb/ main.aspx. 2011.

[164] 郝占庆，李步杭，张健，等. 长白山阔叶红松林样地（CBS）：群落组成与结构 [J]. 植物生态学报，2008，32（2）：238-250.

[165] 阳含熙，伍业钢. 长白山自然保护区阔叶红松林林木种属组成、年龄结构和更新策略的研究 [J]. 林业科学，1988，24（1）：18-27.

[166] 徐化成. 中国红松天然林 [M]. 北京：中国林业出版社，2001.

[167] 代力民，谷会岩，邵国凡，等. 中国长白山阔叶红松林 [M]. 沈阳：辽宁科学技术出版社，2004.

[168] 唐桂凤. 辽宁白石砬子自然保护区野生经济植物资源分析 [J]. 中南林业调查规划，2004，23（2）：38-44.

[169] 郭元涛，刘忠平，宋桂莲，等. 白石砬子自然保护区气候特征及其与森林植物的关系 [J]. 辽宁林业科技，2011（4）：11-12.

[170] 周永斌，殷有，殷鸣放，等. 白石砬子国家级自然保护区天然林的自然稀疏 [J]. 生态学报，2011，31（21）：6469-6480.

[171] STOKES M A, SMILEY T L. An introduction to tree-ring dating[M]. Chicago: The University of Chicago Press, 1968.

[172] COOK E R, HOLMES R L. Users manual for program ARSTAN[D]. Laboratory of Tree-ring Research, Tucson. USA: University of Arizona, 1986.

[173] WIGLEY T M L, BRIFFA K R, JONES P D. On the average value of correlated time series, with applications in dendroclimatology and drometeorology[J].

Journal of Applied Meteorology and Climcrtology, 1984(23): 201-213.

[174] 李江风，袁玉江，周文盛. 新疆年轮气候水文研究 [M]. 北京：气象出版社，1989.

[175] 李广起，白帆，桑卫国. 长白山红松和鱼鳞云杉在分布上限的径向生长对气候变暖的不同响应 [J]. 植物生态学报，2011，35（5）：500-511.

[176] DAI A, TRENBERTH K E, QIAN T T. A global dataset of Palmer Drought Severity Index for 1870—2002: Relationship with soil moisture and effects of surface warming[J]. Journal of Hydrometeorology, 2004(5): 1117-1130.

[177] 于大炮，王顺忠，唐立娜，等. 长白山北坡落叶松年轮年表及其与气候变化的关系 [J]. 应用生态学报，2005, 16（1）：14-20.

[178] 编写委员会. 东北区域气候变化评估报告决策者摘要及执行摘要（2012）[M]. 气象出版社，2013.

[179] CHEN L, WU S H, PAN T. Variability of climate-growth relationships along an elevation gradient in the Changbai Mountain, Northeastern China[J]. Trees, 2011(25): 1133-1139.

[180] 郝占庆，代力民，贺红士，等. 气候变暖对长白山主要树种的潜在影响 [J]. 应用生态学报，2001, 12（5）：653-658.

[181] 陈力，尹云鹤，潘韬，等. 长白山红松生长量及其对温度变化的响应 [J]. 资源科学，2012, 34（11）：2139-2145

[182] 陈力，吴绍洪，戴尔阜. 长白山红松和落叶松树轮宽度年表特征 [J]. 地理研究，2011，30（6）：1147-1155.

[183] 王淼，白淑菊，陶大立，等. 大气增温对长白山林木直径生长的影响 [J]. 应用生态学报，1995，6（2）：128-132.

[184] D'ARRIGO R D, SCHUSTER W S F, LAWRENEE D M, et al. Climate-growth relationships of eastern hemlock and chestnut oak from Black Rock forest in the highlands of southeastern New York[J]. Tree-ring Research, 2001, 57(2): 183-190.

[185] 秦宁生，邵雪梅，时兴合，等.青南高原树轮年表的建立及与气候要素的关系 [J].高原气象，2003，22（5）：445-449.

[186] HOFGAARD A, TARDIF J,BERGERON Y. Dendroclimatic response of Picea mariana and Pinus banksiana along a latitudinal gradient in the eastern Canadian boreal forest[J]. Canadian Journal of Forest Research, 1999, 29(9): 1333-1346.

[187] ROBERTSON E O, JOZSA L A. ROBERTSON E O, et al. Climatic reconstruction from treerings at Banff[J]. Canadian Journal of Forest Research, 1988, 18(7): 888-900.

[188] 李兴欢.小兴安岭地区红松和紫椴径向生长及液流研究 [D].哈尔滨：东北林业大学，2014.

[189] 李兴欢，刘瑞鹏，毛子军，等.小兴安岭红松日径向变化及其对气候因子的响应 [J].生态学报，2014，34（7）：1635-1644.

[190] 杨青霄，朱良军，王晓春.凉水自然保护区红松树轮年表建立及特征年分析 [J].植物研究，2015，35（3）：418-424.

[191] LIANG E Y, SHAO X M, XU Y. Tree-ring evidence of recent abnormal warming on the southeast Tibetan Plateau[J]. Theoretical and Applied Climatology, 2009, 98 (1): 9-18.

[192] DANG H S, JIANG M X, ZHANG Q F, et al. Growth responses of subalpine fir (Abies fargesii) to climate variability in the Qinling Mountain, China[J]. Forest Ecology and Management, 2007(240): 143-150.

[193] FRANK D, ESPER J. Characterization and climate response patterns of a high-elevation, multi-species tree-ring network in the European Alps[J]. Dendrochronologia, 2005(22): 107-121.

[194] WANG T, REN H B, MA K P. Climatic signals in tree ring of Picea schrenkiana along an altitudinal gradient in the central Tianshan Mountains, northwestern China[J]. Trees, 2005(19): 736-742.

[195] MARTIN DE LUIS, KATARINA ČUFAR, ALFREDO DI FILIPPO,et al. Plasticity in dendroclimatic response across the distribution range of Aleppo pine (Pinus halepensis)[J]. Plos one, 2013, 8(12): e83500.

[196] BORGAONKAR H P, PANT G B, KUMAR K R. Treering chronologies from western Himalya and their dendroclimatic potential[J]. International Association of Wood Anatomists, 1999(20): 295-309.

[197] BRAUNING A. Dendroclimatological potential of drought-sensitive tree stands in southern Tibet for the reconstruction of monsoonal activity[J]. International Association of Wood Anatomists, 1999, 20: 325-338.

[198] WALTHER G R. Plants in a warmer world[J]. Perspect plant ecology evolution system, 2003(6): 169-185.

[199] KRAMER K, LEINONEN I, LOUSTAU D. The importance of phenology for the evaluation of impact of climate change on growth of boreal, temperate and Mediterranean forests ecosystems: an overview[J]. International Journal of Biometeorology, 2000, 44(2): 67-75.

[200] COOK E R, COLE J. On predicting the response of forests in eastern North America to future climate change[J]. Climate change, 1991(19): 271-283.

[201] SPITTLEHOUSE, DL. Integrating climate change adaptation into forest management[J]. Forest chronicle, 2005(81): 691-695.

[202] TAKAHASHI K, AZUMA H, YASUE K. Effects of climate on the radial growth of tree species in the upper and lower distribution limits of an attitudinal ecotone on Mount Norikura, central Japan[J]. Ecological Research, 2003, 18(5): 549-558.

[203] PENG J F, GOU X H, CHEN F H, et al. Altitudinal variability of climate-tree growth relationships along a consistent slope of Anyemaqen Mountains, northeastern Tibetan Plateau[J]. Dendrochronologia, 2008, 26(2): 87-96.

[204] LIU Y, AN Z S, MA H Z, et al. Precipitation variation in the northeastern Tibetan

Plateau recorded by the tree rings since 850 AD and its relevance to the Northern Hemisphere temperature[J]. Science in China Series D: Earth Sciences, 2006(49): 408-420.

[205] FRITTS H C, SMITH D C, CARDIS J W, et al. Tree-ring characteristics along a vegetation gradient in northern Arizona[J]. Ecology, 1965(6): 393-401.

[206] KULLMAN L. Tree limit dynamics of Betula pubescer ssp. tortuosa in relation to climate variability: evidence from central Sweden[J]. Journal of vegetation Science, 1993, 4(6): 765-772.

[207] TAKAHASHI K, AZUMA H, YASUE K. Effects ef climate on the radial growth of tree species in the upper and lower distribution limits of an attitudinal ecotone on Mount Norikura, central Japan[J]. Ecological Reseasch, 2003, 18(5): 549-558.

[208] SHAO G, ZHAO G. Protecting versus harvesting of old-growth forests on the Changbai Mountain (China and North Korea): a remote sensing application[J]. Natural Areas Journal 1998, 18 (4): 358-365.

[209] SPLECHTNA B E, DOBRY J, KLINKA K. Tree-ring characteristics of subalpine fir (Abies lasiocarpa (Hook.)Nutt.) in relation to elevation and climatic fluctuations[J]. Annals of Forest Science, 2000, 57(2): 89-100.

[210] LEAL S, MELVIN T M, GRABNER M, et al. Tree-ring growth variability in the Austrian Alps: the influence of site, altitude, tree species and climate[J]. Boreas, 2007(36): 426-440.

[211] ZHENG D, WALLIN D O, HAO Z. Rates and patterns of landscape change between 1972 and 1988 in the Changbai Mountain area of China and North Korea[J]. Landscape Ecology, 1997, 12(4): 241-254.

[212] 陆佩玲, 于强, 贺庆棠. 植物物候对气候变化的响应 [J]. 生态学报, 2006, 26（3）: 923-929.

[213] 陈效逑. 论树木物候生长季节与气温生长季节的关系: 以德国中部 Taunus

山区为例 [J]. 气象学报, 2000, 58（6）: 721-737.

[214] 盛浩, 杨玉盛, 陈光水, 等. 植物根呼吸对升温的响应 [J]. 生态学报, 2007, 27（04）: 1596-160.

[215] HE H S, HAO Z Q, MLADENOFF D J, et al. Simulating forest ecosystem response to climate warming incorporating spatial effectsinnorth-eastern China[J]. Journal of Biogeography, 2005, 32(12): 2043-2056.

[216] 郭建平, 高素华, 刘铃, 等. 气候变化对红松气候生产力的影响研究 [J]. 中国生态农业学报, 2003, 11（2）: 129-131.

[217] 唐凤德, 韩士杰, 张军辉. 长白山阔叶红松林生态 [J]. 应用生态学报, 2009, 20（6）: 1285-1292.

[218] 郝占庆, 代力民, 贺红士. 气候变暖对长白山主要树种的潜在影响 [J]. 应用生态学报, 2001, 12（5）: 653-658.

[219] 张恒庆, 安利佳, 祖元刚. 凉水国家自然保护区天然红松林遗传变异的RAPD 分析 [J]. 植物研究, 2000, 20（2）: 201-206.

[220] 戚长顺. 红松粗皮、细皮类型的初步研究 [J]. 林业科学, 1962（01）: 11-17.

[221] 万钧, 傅立国. 中国植物志 [M]. 北京: 科学出版社, 1978.

[222] 张恒庆, 安利佳, 祖元刚. 天然红松种群形态特征地理变异的研究 [J]. 生态学报, 1999（6）: 933-938.

[223] 冯富娟. 天然红松种群遗传生态学的研究 [D]. 哈尔滨: 东北林业大学, 2003.

[224] 牛芝屏. 粗细皮型红松的生长特点 [J]. 吉林林业科技, 1988（2）: 12-14.

[225] 杨义波, 陈丰学. 不同皮型红松生长规律的研究 [J]. 吉林林业科技, 1998（4）: 19-21.

[226] 张殿仁, 杨玉林, 景占龙, 等. 红松皮型与抗病性的调查 [J]. 吉林林业科技, 1993（6）: 30-33.

[227] 张先亮，何兴元，陈振举，等.大兴安岭山地樟子松径向生长对气候变暖的响应：以满归地区为例 [J].应用生态学报，2011，22（12）：3101-3108.

[228] 王绍武，赵宗慈，唐国利.中国的气候变暖 [J].国际政治研究，2009，30（4）：1-11.

[229] 周秀杰，王凤玲，吴玉影.近60年来黑龙江省与东北及全国气温变化特点分析 [J].自然灾害学报，2013，22（2）：124-129.

[230] 马成仓，高玉葆，李清芳，等.内蒙古高原荒漠区几种锦鸡儿属（Caragana）优势植物的生理生态适应特性 [J].生态学报，2007，27（11）：4643-4650.

[231] MACKENZIE A, BALL A S, VIRDEE S R. Ecology[M]. 2nd Ed.Beijing: Science Press, 2003.

[232] LIANG E Y, HU Y X, LIN J X. Effects of doubled CO_2 concentration on structure of vascular tissues of Quercus linoturrgensis[J]. Acta Phytoecologica Sinica, 2000, 24(4): 506-510.

[233] SHAO X M, WU X D. Reconstruction of climate change on Changbai Mountain, northeast China using tree-ring data[J]. Quatemary Sciences. 1997, 17(1): 76-85.

[234] CHHIN S, HOGG E H, LIEFFERS V J, et al. Potential effects of climate change on the growth of lodgepole pine across diameter size classes and ecological regions[J]. Forest Ecology and Management, 2008, 256(10): 1692-1703.

[235] 姜庆彪.不同径级油松径向生长对气候的响应研究 [D].北京：北京林业大学，2012.

[236] KIRKPATRICK M. Spatial and age dependent patterns of growth in New England black birch[J]. American Journal of Botany, 1981, 68 (4): 535-543.

[237] ESPER J, NIEDERER R, BEBI P, et al. Climate signal age effects-evidence from young and old trees in the Swiss Engadin[J]. Forest Ecology and Management, 2008, 255 (11): 3783-789.

[238] COLENUTT M E, LUCKMAN B H. Dendrochronological investigation of Larix

luallii at Larch Valley, Alberta[J]. Canadian Journal of Forest Research, 1991, 21(8): 1222-1233.

[239] WILSON R, ELLING W. Temporal instability in tree-growth/climate response in the Lower Bavarian Forest region: implications for dendroclimatic reconstruction[J]. Trees, 2004, 18 (1): 19-28.

[240] YU G R, LIU Y B, WANG X C, et al. Age-dependent tree-ring growth responses to climate in Qilian juniper (Sabina przewalskii Kom.)[J]. Trees, 2008, 22(2): 197-204.

[241] PARISH R, ANTOS J A, HEBDA R J. Tree-ring patterns in an old-growth, subalpine forest in southern interior British Columbia. In Wimmer R, Vetter R E. Tree-ring analysis: biological, methodological and environmental aspects[J]. CAB International, Wallingford, UK, 1999: 213-248.

[242] OGLE K, WHITHAM T G, COBB N S. Tree-ring variation in pinyon predicts like lihood of death following severe drought[J]. Ecology, 2000, 81(11): 3237-3243.

[243] Joana V, Filipe C, Cristina N. Age-dependant responses of tree-ring growth and intra-annual density fluetuations of Pinus pinaster to Mediterranean climate[J]. Trees, 2009, 23 (2): 257-265.

[244] CARRER M, URBINATI C. Agedependent tree-ring growth responses to climate in Larix decidua and Piraus cerrabra[J]. Ecology, 2004, 85 (3): 730-740.

[245] LINDERHOLM H W, LINDERHOLM K. Age-dependent climate sensitivity of Pinus sylverstris L. in the central Scandinavian Mountains[J]. Boreal Environment Research, 2004, 9(4): 307-317.

[246] ETTL G J, PETERSON D L. Extreme climate and variation in tree growth: individualistic response in subalpine fir (Abies lasiocarpa)[J]. Global Change Biology, 1995, 1(3): 231-241.

[247] 王晓明. 长白山不同海拔森林优势树种树轮生态学研究 [D]. 北京：北京林业大学，2015.

[248] 姜庆彪，赵秀海，高露双，等. 不同径级油松径向生长对气候的响应 [J]. 生态学报，2012，32（12）：3859-3865.

[249] DUNCAN R. An evaluatlion of errors in tree age estimates based on increment cores in kahikatea (Dacrycarpus dacrydioides)[J]. New Zealand Natural Sciences, 1989(16): 31-37.

[250] NORTON D A, PALMER J G, OGDEN J. Dendroecological studies in New Zealand: 1. An evaluation of tree age estimates based on increment cores[J]. New Zealand Journal of Botany, 1987, 25(3): 373-383.

[251] DESLAURIERS A, MORIN H, BEGIN Y. Cellular phenology of annual ring formation of Abies balsarnea in the Quebec boreal forest (Canada)[J]. Canadian Journal of Forest Research, 2003(33): 190-200.

[252] LIANG E Y, SHAO X M, ECKSTEIN D, et al. Topography and species-dependent growth responses of Sabina przewalskii and Picea crassifolia to climate on the northeast Tibetan Plateau[J]. Forest Ecology and Management, 2006, 236(2-3): 268-277.

[253] RYAN M G. YODER B J. Hydraulic limits to tree height and tree growth[J]. Bio-Science, 1997, 47(4): 235-242.

[254] SZEICZ J M, MACDONALD G M. Dendroclimatic reconstruction of summer temperatures in northwestern Canada since A.D. 1638 based on age-dependent modeling[J]. Quaternary Research, 1995, 44(2): 257-266.

[255] YODER B J, RYAN M G, WARING R H, et al. Evidence of reduced photosynthetic rates in old trees. Forest Science[J]. 1994(40): 513-527.

[256] KIMMINS J P. Forest ecology: a foundation for sustainable management[M]. 2nd ed. Upper Saddle River New Jersey, Prentice-Hall, 1997.

[257] HARTMANN D L, TANK A M G K, RUSTICUCCI M, et al. Observations: atmosphere and surface. In: Climate change 2013: the physical science basis. Contribution of working group I to the fifth assessment report of the intergovernmental panel on climate change[M]. Cambridge University Press, Cambridge, United Kingdom and New York, NY, USA, 2013.

[258] CIAIS P, SABINE C, BALA G, et al. Carbon and other biogeochemical cycles. In: Climate change 2013: the physical science basis. Contribution of working group I to the fifth assessment report of the intergovernmental panel on climate change[M]. Cambridge University Press, Cambridge, United Kingdom and New York, NY, USA, 2013.

[259] NEMANI R R, KEELING C D, HASHIMOTO H, et al. Climate-driven increases in global terrestrial net primary production from 1982 to 1999[J]. Science, 2003(300): 1560-1563.

[260] GANG C C, ZHOU W, LI J L, et al.Assessing the spatiotemporal variation in distribution, extent and NPP of terrestrial ecosystems in response to climate change from 1911 to 2000[J]. Plos One, 2013, 8(11): e80394.

[261] FANG J Y, OIKAWA T, KATO T, et al. Biomass carbon accumulation by Japan's forests from 1947 to 1995[J]. Global Biogeochemical Cycles, 2005, 19(2): 1-10.

[262] HASENAUER H, NEMANI R R, SCHADAUER K, et al. Forest growth response to changing climate between 1961 and 1990 in Austria[J]. For Ecol Manag, 1999(122): 209-219.

[263] NABUURS G J, SCHELHAAS M J, FIELD C B.Temporal evolution of the European forest sector carbon sink from 1950 to 1999[J]. Global Change Biology, 2003(9): 152-160.

[264] LAWRENCE G B, LAPENIS A G, BERGGREN D, et al. Climate dependency of tree growth suppressed by acid deposition effects on soils in Northwest Russia[J].

Environ Sci Technol, 2005(39): 2004-2010.

[265] LUCHT W, PRENTICE I C, MYNENI R B, et al. Climatic control of the high-latitude vegetation greening trend and Pinatubo effect[J]. Science, 2002(296): 1687-1689.

[266] 刘敏, 毛子军, 厉悦, 等. 不同纬度阔叶红松林红松径向生长对气候因子的响应 [J]. 应用生态学报, 2016, 27 (5) : 1341-1352.

[267] ARNON DI. Copper enzymes in isolated chloroplasts polyphenol oxidase in Beta vulgaris[J]. Plant Physiology, 1949, 24(1): 1-15.

[268] 丘阳, 高露双, 张雪, 等. 气候变化对阔叶红松林不同演替阶段红松种群生产力的影响 [J]. 应用生态学报, 2014, 25 (7) : 1870-1878.

[269] FANG O Y, WANG Y, SHAO X M. The effect of climate on the net primary productivity (NPP) of Pinus koraiensis in the Changbai Mountains over the past 50 years[J]. Trees, 2016(30): 281-294.

[270] VALENTINE H T. Tree-growth models: Derivations employing the pipe-model theory[J]. Journal of Theoretical Biology, 1985, 117(4): 579-585.

[271] LEBLANC D C. Relationships between breast-height and whole-stem growth indices for red spruce on Whiteface Mountain, New York[J]. Canadian Journal of Forest Research, 1990, 20(20): 1399-1407.

[272] BIONDI F. Comparing tree-ring chronologies and repeated timber inventories as forest monitoring tools[J]. Ecological Applications, 1999, 9(1): 216-227.

[273] PHIPPS R L, WHITON J C. Decline in long-term growth of white oak[J]. Canadian Journal of Forest Research, 1988(1): 24-32.

[274] 祖占和. 关于天然红松林龄组合理划分问题的探讨 [J]. 林业科学, 1987(1): 68-75.

[275] FRANCO B, FARES Q. Removing the tree-ring width biological rrend using expected basal area increment[J]. European solid-state device research conference,

1999, 1(1): 500-503.

[276] 李俊清, 朱春全, 柴一新, 等. 阔叶红松林的营养结构与动态特性 [J]. 吉林林学院学报, 1989 (02) : 1-16.

[277] FRITTS H C. Relationships of ring-widths in arid-site conifers to variations in monthly temperature and precipitation[J]. Ecology Monographs, 1974, 44(4): 411-440.

[278] 汪宏宇, 龚强, 孙凤华, 等. 东北和华北东部气温异常特征及其成因的初步分析 [J]. 高原气象, 2005, 24 (6) : 1024-1033.

[279] 王亚平, 黄耀, 张稳. 中国东北三省 1960—2005 年地表干燥度变化趋势 [J]. 地球科学进展, 2008, 23 (6) : 619-627.

[280] MÉRIAN P, BONTEMPS J D, BERGÉS L, et al. Spatial variation and temporal instability in climate-growth relationships of sessile oak (Quercus petraea [Matt.] Liebl.) under temperate conditions[J]. Plant Ecology, 2011, 212(11): 1855-1871.

[281] 朱益民, 杨修群, 陈晓颖. PDO 对 ENSO 于中国夏季气候异常关系的调制作用 [C]// 中国气象学会. 推进气象科技创新加快气象事业发展: 中国气象学会 2004 年年会论文集 (上册) , 2004: 44-58.

[282] WANG T, REN H B, MA K P. Climatic signals in tree ring of Picea schrenkiana along an altitudinal gradient in the central Tianshan Mountains, northwestern China[J]. Trees, 2005, 19(6): 736-742.

[283] ALLEN C D, BRESHEARS D D. Drought-induced shift of a forest-woodland ecotone: rapid landscape response to climate variation[J]. Proceedings of the National Academy of Sciences of the United States of America, 1998, 95(25): 14839-14842.

[284] ADAMS H D, KOLB T E. Drought responses of conifers in ecotone forests of northern Arizona: tree ring growth and leaf delta l3C[J]. Oecologia, 2004, 140(2): 217-225.

[285] BRESHEARS D D, COBB N S, RICH P M, et al. Regional vegetation die-off in response to global-change-type drought[J]. Proceedings of the National Academy of Sciences of the United States of America, 2005, 102(42): 15144-15148.

[286] LINARES J C, TISCAR P A. Buffered climate change effects in a Mediterranean pine species: range limit implications from a tree-ring study[J]. Oecologia, 2011, 167(3): 847-859.

[287] LUCAS-BORJA M E, CANDEL P D, LÓPEZ SERRANO F R, et al. Altitude-related factors but not Pinus community exert a dominant role over chemical and microbiological properties of a Mediterranean humid soil[J]. European Journal of Soil Science, 2012, 63(5): 541-549.

[288] FANG J Y, WANG Z H, TANG Z Y, et al. Atlas of woody plants in China[M]. Springer Berlin Heidelberg, 2011.

[289] 韩进轩. 东北红松林分布区气候因素的主分量分析 [J]. 生态学杂志 1986, 5（5）：27-30.

[290] 中国科学院林业土壤研究所. 红松林 [M]. 北京：农业出版社，1978.

[291] 刘敏，毛子军，厉悦，等. 不同径级红松径向生长对气候变化的响应. 不同径级红松径向生长对气候变化的响应 [J]. 应用生态学报，2018, 29（11）：3530-3540.